Ansprüche auf Bauzeitverlängerung erkennen und durchsetzen

Nina Baschlebe

Ansprüche auf Bauzeitverlängerung erkennen und durchsetzen

Ein Leitfaden für Auftragnehmer

Nina Baschlebe
Siegburg, Deutschland

ISBN 978-3-658-10353-8 ISBN 978-3-658-10354-5 (eBook)
DOI 10.1007/978-3-658-10354-5

Die Deutsche Nationalbibliothek verzeichnet diese Publikation in der Deutschen Nationalbibliografie; detaillierte bibliografische Daten sind im Internet über http://dnb.d-nb.de abrufbar.

Springer Vieweg

Lektorat: Karina Danulat

Gedruckt auf säurefreiem und chlorfrei gebleichtem Papier.

Springer Fachmedien Wiesbaden ist Teil der Fachverlagsgruppe Springer Science+Business Media
(www.springer.com)

Einleitung

Sowohl Behinderungen des Bauablaufes (aus dem Risikobereich des Auftraggebers) als auch die Ausführung von Nachtragsleistungen und die Ausführung von Mehrmengen können zu einem Anspruch auf Bauzeitverlängerung für den Auftragnehmer führen.

Zunächst muss der Auftragnehmer jedoch erkennen, ob er tatsächlich einen Anspruch auf Bauzeitverlängerung hat und sich dieser gegenüber seinem Auftraggeber durchsetzen lässt – oder eben nicht.

Häufig wird von bauausführenden Firmen ein enormer (auch finanzieller) Aufwand betrieben, um einen Anspruch auf mehr Bauzeit gegenüber dem Auftraggeber darzulegen, ggf. auch um die bei Überschreitung des vereinbarten Fertigstellungstermins vom Auftraggeber geltend gemachten Vertragsstrafe abzuwehren.

In vielen Fällen wird hierbei jedoch vor Beginn der Aufarbeitung des gestörten Bauablaufes nicht geprüft, ob sich der Anspruch letztendlich überhaupt durchsetzen lässt oder welche Voraussetzungen zur Durchsetzung des Anspruches zu erfüllen wären.

Es wird vielfach einfach drauflos gearbeitet, umfangreiche Ausarbeitungen werden erstellt, und nach einer Menge Arbeit, unschönen Diskussionen mit dem Auftraggeber, oftmals auch dem Einschalten von Rechtsanwälten und somit insgesamt auch einem mehr oder weniger großen finanziellen Aufwand scheitert der Anspruch dennoch – weil schon zu Beginn der Bearbeitung nicht beachtet wurde, dass bestimmte Voraussetzungen zwingend zu erfüllen gewesen wären.

Anhand dieses Leitfadens „Ansprüche auf Bauzeitverlängerung erkennen und durchsetzen", der sich in erster Linie an bauausführende Firmen richtet, kann der Unternehmer oder Bauleiter selbst ermitteln, ob ein durchsetzbarer Anspruch auf Bauzeitverlängerung besteht bzw. die Abwehr einer vom Auftraggeber geltend gemachten Vertragsstrafe gelingen wird.

Durch Anwendung dieses Leitfadens kann in einfachen Schritten dargelegt und berechnet werden, in welchem Umfang die Bauzeit zugunsten des Auftragnehmers zu verlängern ist.

In diesem Leitfaden wird Schritt für Schritt beschrieben

a) welche Grundlagen bezüglich der Baustellendokumentation schon während der Bauabwicklung geschaffen werden müssen bzw. welche Dokumente/Belege zur Darlegung des Bauzeitverlängerungsanspruches vorliegen müssen,
b) welche Störungen im Bauablauf überhaupt einen Anspruch auf Bauzeitverlängerung auslösen können und welche Voraussetzungen für die Durchsetzung eines Bauzeitverlängerungsanspruches im Einzelnen zu erfüllen sind,
c) wie bei der Darlegung eines Anspruches auf Bauzeitverlängerung und zur Abwehr einer Vertragsstrafe grundsätzlich vorzugehen ist
und
d) wie der Bauzeitverlängerungsanspruch der Höhe nach bestimmt wird.

Hierzu sind in dem Leitfaden die gemäß aktueller baurechtlicher Literatur und aktueller Rechtsprechung zu erfüllenden rechtlichen Anforderungen zusammengefasst und für den Baupraktiker leicht verständlich aufbereitet.

Abschließend enthält dieses Buch ein umfangreiches Praxisbeispiel einer Baumaßnahme mit gestörten Bauablauf. Hier führten Behinderungen, die Ausführung von Nachtragsleistungen und die Ausführung von erheblichen Mehrmengen zu einem Anspruch der ausführenden Firma auf Verlängerung der Bauzeit.

Anhand des Praxisbeispiels können die zuvor im Leitfaden beschriebenen Schritte zur Darlegung des Anspruches auf Verlängerung der Bauzeit und Berechnung der Anspruchshöhe, also der Dauer der dem Auftragnehmer zustehenden Bauzeitverlängerung, nochmals nachvollzogen werden.

Abkürzungsverzeichnis

AG	Auftraggeber
AN	Auftragnehmer
AT	Arbeitstag(e)
BGH	Bundesgerichtshof
cbm	Kubikmeter
KG	Kammergericht
LV	Leistungsverzeichnis
OLG	Oberlandesgericht
Rdnr.	Randnummer
SR	Schlussrechnung
t	Tonnen

Inhaltsverzeichnis

Teil II Darlegung Ihres Anspruches gegenüber dem Auftraggeber

Teil III Anwendungsbeispiel

Abbildungsverzeichnis

Teil I
Grundlagen

Bevor Sie darüber entscheiden, ob Sie gegenüber Ihrem Auftraggeber einen Anspruch auf Bauzeitverlängerung geltend machen, prüfen Sie die Ihnen vorliegenden Unterlagen, also Ihre eigene Baustellendokumentation, und die eingetretenen Störungssachverhalte (Störungen im Bauablauf durch Behinderungen, Ausführung von Nachtragsleistungen, Ausführung von Mehrmengen) dahingehend, ob sie insgesamt überhaupt geeignet sind, einen Anspruch auf Bauzeitverlängerung durchsetzen zu können. Hierfür wird nachfolgend zunächst erklärt und beschrieben, welche Anforderungen Ihre Baustellendokumentation erfüllen muss und welche Voraussetzungen die eingetretenen Bauablaufstörungen erfüllen müssen, damit die weitere Aufbereitung Ihrer Unterlagen in Hinblick auf die Durchsetzbarkeit eines Anspruches auf Bauzeitverlängerung überhaupt sinnvoll und erfolgversprechend ist.

1 Ihre Baustellendokumentation als Basis

Die Dokumentation Ihrer Baustelle, d. h. die Dokumentation des tatsächlich eingetretenen Bauablaufes, der Störungen im Bauablauf, der Abweichungen zum Vertrag o. ä. erfolgt in der Regel durch die Bautagebücher, Baubesprechungsprotokolle, den mit Ihrem Auftraggeber geführten Schriftverkehr, Fotos der Baustelle etc.

Entscheidend für die Abwehr von Ansprüchen Ihres Auftraggebers (z. B. auf Vertragsstrafe, weil Sie den vertraglich vereinbarten Fertigstellungstermin nicht eingehalten haben) und für die Durchsetzung Ihrer Ansprüche (z. B. auf Verlängerung der Bauzeit und auf Erstattung der Mehrkosten aus der Bauzeitverlängerung) ist die Kenntnis Ihres Bauvertrages und Ihre auf dieser Basis erstellte Baustellendokumentation.

Die Kenntnis um die Inhalte des abgeschlossenen Bauvertrages bei den Baustellenverantwortlichen, also dem Bauleiter, Oberbauleiter, Projektleiter aber auch dem Polier, Schachtmeister, Obermonteur ist die Voraussetzung für eine gute Baustellendokumentation.

Es ist mittlerweile allgemein bekannt, welche Bedeutung dem Schriftverkehr bei der Dokumentation von Bauablaufstörungen zukommt.

Jeder Bauleiter weiß, dass er eine Behinderung schriftlich anmelden sollte und wie wichtig z. B. die schriftliche Anmeldung von entstehenden Mehrkosten vor der Ausführung von Nachtragsleistungen ist.

Die immense Bedeutung der Bautagesberichte und Fotodokumentation der Baustelle ist jedoch oftmals nicht allen Baustellenverantwortlichen ausreichend bewusst und wird daher hier nochmals betont. Denn wie Sie im weiteren Verlauf lesen werden, ist die **Dokumentation des Ist-Bauablaufes** die Basis für die Darlegung des Anspruchs auf Bauzeitverlängerung.

Kann man den tatsächlich eingetretenen Ist-Bauablauf anhand der Bautagesberichte, Baubesprechungsprotokolle, Baustellenfotos und des Schriftverkehrs nicht tageweise genau rekonstruieren, macht dies die Darlegung eines Anspruchs auf Bauzeitverlängerung und dessen Durchsetzbarkeit um ein Vielfaches schwieriger oder im Extremfall sogar unmöglich.

N. Baschlebe, *Ansprüche auf Bauzeitverlängerung erkennen und durchsetzen*,
DOI 10.1007/978-3-658-10354-5_1

Daher prüfen Sie beim Erstellen des Bautagesberichtes Ihre Aufzeichnungen immer dahingehend, ob sie detailliert genug sind, dass Sie selbst oder ein Dritter später noch den tatsächlichen Bauablauf anhand der vorliegenden Baustellendokumentation rekonstruieren können.

Es lohnt sich, als Bauleiter einmal täglich oder zum Wochenabschluss ein paar Minuten in die Kontrolle und Ergänzung der von Ihrem Polier, Schachtmeister, Obermonteur o. ä. geführten Bautagesberichte zu investieren, bevor Sie diese Ihrem Auftraggeber zur Unterschrift vorlegen.

Erfahrungsgemäß kommt es meist erst nach Abschluss der Baumaßnahme zum Streit über die Vertragsstrafe, die Ihr Auftraggeber geltend macht, da Sie den vertraglichen Fertigstellungstermin überschritten haben, oder über die Vergütung der Ihnen aufgrund der verlängerten Bauzeit zusätzliche entstandenen Kosten. Und dann lässt sich der Bauablauf einer mehrere Monate umfassenden Bauzeit nicht mehr ohne entsprechend gute und detaillierte Unterlagen rekonstruieren und darstellen.

Hier reicht es beispielsweise nicht aus, wenn über Tage hinweg im Bautagebuch vermerkt ist „Trockenbauarbeiten im 3. OG“, wenn das 3. Obergeschoss insgesamt eine Fläche von mehreren hundert Quadratmetern aufweist mit verschiedenen Wohn- oder Gewerbeeinheiten.

Auch der alleinige Eintrag im Bautagebuch von „Kanalbau Planstraße A“ über mehrere Tage hinweg ist wenig aussagekräftig, wenn die Planstraße A mehrere Kanalhaltungen umfasst und zudem noch im Trennsystem parallel Schmutz- und Regenwasserkanäle verlegt werden.

Sie lachen jetzt und fragen sich: Wer macht denn sowas? Über den Punkt sind doch alle Baufirmen schon seit Jahren hinaus, das macht doch heute keiner mehr ... Leider doch. Die Praxis beweist das Gegenteil.

Noch immer gibt es Baufirmen, die mit dem Wunsch der Aufbereitung Ihrer Unterlagen zur Darlegung eines Anspruches auf Bauzeitverlängerung und hieraus resultierende Kosten an baubetriebliche Büros oder Gutachter herantreten – und der vom Bauleiter schon auf mehrere hunderttausend € hochgerechnete Vergütungsanspruch scheitert an der schlechten Baustellendokumentation. Da kann auch der beste baubetriebliche Gutachter kaum noch etwas bewirken.

Daher prüfen Sie immer wieder während Ihrer Bauabwicklung, ob die Bautagesberichte zeitnah, präzise, nachvollziehbar und vollständig geführt werden. Denn nur so ist gewährleistet, dass das Baugeschehen auch nach Monaten oder Jahren noch sicher und eindeutig rekonstruiert werden kann.

Auch in Hinblick auf die spätere Darlegung von Produktivitätsverlusten oder Leistungsminderungen ist eine exakte und detaillierte Baustellendokumentation unverzichtbar. Im Idealfall kann man später die von einer Bauablaufstörung betroffene Leistung mit der hieraus resultierenden geringeren Produktivität mit einer Bauleistung aus einem ungestörten Bereich vergleichen, um so eine Leistungsminderung nachzuweisen.

Beispiel

Im Bauabschnitt B wurden im Zeitraum xxx [Datum] bis xxx [Datum] genau xxx qm Mauerwerk am Tag erstellt. Im Bauabschnitt F konnten aufgrund der eingetretenen Störung nur xxx qm Mauerwerk pro Tag erstellt werden. Die Leistungsminderung von xxx Prozent aufgrund der auftraggeberseitigen Störung des Ablaufes führte zu einer Verlängerung der Mauerarbeiten von xxx Tagen.

Eine Bauzeitverlängerung aufgrund einer geminderten Leistung konkret darzulegen und die konkrete Dauer der Bauzeitverlängerung ermitteln zu können, gelingt in der Regel am wirkungsvollsten, wenn Vergleichsbereiche mit einem ungestörten Bauablauf vorliegen, und wenn für beide Bereiche der Bauablauf so detailliert dokumentiert ist, dass sich die Leistung rekonstruieren lässt, z. B. mit xxx qm pro Tag.

Zwischenzeitlich gibt es Apps für Smartphones zur Dokumentation des Bauablaufes und zur Erstellung und Verwaltung von Bautagebüchern und Bautagesberichten. Zur Dokumentation des Bautenstandes und von etwaigen Behinderungen, Mängeln etc. können dem Bericht Fotos hinzugefügt werden.

Allerdings ist aber auch jedes technische Hilfsmittel zur Erstellung von Baustellendokumentationen letztendlich nur so gut wie sein Anwender. Daher ist auch hierbei immer wieder zu hinterfragen: Reicht die Baustellendokumentation aus, um daraus nach Monaten oder Jahren den tatsächlichen Ist-Bauablauf rekonstruieren zu können?

Auch der Schriftverkehr Ihrer Baumaßnahme ist so zu führen, dass ein Dritter später die Zusammenhänge nachvollziehen kann: Präzise, detailliert, zielorientiert und sachlich, d. h. ohne persönliche „Angriffe".

Behalten Sie hierbei immer im Hinterkopf: Der Zusammenhang zwischen Ursache und Wirkung muss beschrieben werden:

- Warum genau war der Estrichleger in der Ausführung seiner Leistung behindert, nur weil im 8. OG der Trockenbau noch nicht fertiggestellt war? Warum konnte er nicht in andere Geschosse ausweichen?
- Warum führt die Ausführung einer bestimmten Nachtragsleistung zu einer Verlängerung der Bauzeit und warum können keine anderweitigen Arbeiten parallel ausgeführt werden?

Wird nach Monaten oder Jahren der Schriftverkehr zu einer Baumaßnahme gesichtet und ausgewertet, z. B. um einen Anspruch auf Bauzeitverlängerung hiermit darzulegen, ist es oftmals schwierig, den wirklich von Ihnen gemeinten Inhalt eines Schreibens zu verstehen. Bedenken Sie hierbei, dass die spätere Rekonstruktion des Bauablaufes meist nicht durch den Bauleiter selbst, sondern durch Dritte (durch einen Kollegen oder Mitarbeiter, der intern für die Aufbereitung der Restforderungen aus Altmaßnahmen abgestellt wurde, durch den von Ihnen beauftragten baubetrieblichen Gutachter oder auch Ihren Rechtsanwalt) erfolgt.

Auch dies ist manchmal „zum Lachen“. Sie fragen sich, wie es dazu kommen kann, dass ein Schreiben, das eine Baufirma an ihren Auftraggeber gerichtet hat, später nicht mehr nachvollziehbar und aus dem Zusammenhang heraus vollkommen unverständlich ist?

Leider gibt es unzählige Beispiele hierfür:

Sehr geehrte Damen und Herren,
beim Bodenaushub sind wir auf der Baustelle seit heute Morgen behindert. Deshalb wird sich die Bauzeit verlängern.
Mit freundlichen Grüßen
...

Bedauerlicherweise gibt es keinerlei Informationen dazu, worin die Behinderung besteht, welche Aushubarbeiten genau von der Behinderung betroffen sind und ob denn andere Arbeiten parallel weitergeführt werden können bzw. wenn dies nicht der Fall ist, warum nicht an anderer Stelle gearbeitet werden konnte.

Das nachfolgende Schreiben beginnt formal recht gut, liefert dann aber keinerlei Erkenntnisse zur Ursache der Behinderung:

Sehr geehrte Damen und Herren,
gemäß VOB/B sind wir verpflichtet, die Behinderung bei der Ausführung von Leistungen schriftlich anzuzeigen. Dementsprechend weisen wir Sie darauf hin, dass die Ausführung der von uns zu erbringenden Leistungen am oben genannten Bauvorhaben aus nachfolgend aufgeführten Gründen behindert werden bzw. behindert werden könnten:
Die von uns am 15.08.2014 zugesagten Termine bezüglich der Baufreiheit und abgeschlossenen Arbeiten können wir nicht halten.
Mit freundlichen Grüßen
...

Kennt man den Gesamtzusammenhang, dann weiß man im genannten Beispiel, dass der Auftragnehmer hier die zugesagten Termine nicht aufgrund eigener Verzögerungen nicht einhalten kann, sondern weil er durch seinen Auftraggeber bzw. eine eingetretene Fremd-Behinderung daran gehindert wird.

Worin die Behinderung besteht, und dass diese in den Risikobereich des Auftraggebers fällt, wird aus dem Schreiben allerdings nicht deutlich, so dass man sogar den Eindruck gewinnt, der Auftragnehmer sei selbst dafür verantwortlich, dass er zugesagte Termine nicht einhalten kann.

Das nun folgende Schreiben lässt sich nur im Zusammenhang mit dem Baubesprechungsprotokoll erklären. Für sich genommen wird aus dem Schreiben jedoch nicht klar, welche Zusagen zunächst vom Auftraggeber gemacht wurden und wodurch genau die Fortführung der Estricharbeiten behindert ist.

Sehr geehrte Damen und Herren,
in der kurzfristig einberufenen Baubesprechung bezüglich der Estricharbeiten wurden Festlegungen und Absprachen getroffen, die ein ungehindertes Weiterarbeiten der beiden Kolonnen ermöglicht hätte.
Leider mussten wir heute feststellen, dass weder die zugesagten A3-Auszüge noch die weitere Vorgehensweise bezüglich der Estricharbeiten eingehalten wurden.
Da es schon zu erheblichen Behinderungen gekommen ist, werden wir bis zur endgültigen Klärung und Unterzeichnung der bisher angefallenen Ausfallzeiten, die Estricharbeiten unterbrechen müssen.
Mit freundlichen Grüßen
...

Auch im nachfolgenden Schreiben wird eine Behinderung und Verlängerung der Ausführungsfristen angezeigt. Die genaue Ursache für die Zwischenlagerung des Bodens wird jedoch nicht klar. Des Weiteren ist davon auszugehen, dass es sich bei der Zwischenlagerung des Bodens um eine zusätzlich erforderliche Leistung und nicht um eine klassische Behinderung handelt.

Sehr geehrte Damen und Herren,
wie wir vor Ort feststellen mussten, werden unsere Arbeiten durch folgende Störung(en) im Bauablauf behindert.
Durch statische Vorgaben im Bereich des Verbaues ist eine Zwischenlagerung des Materials notwendig. Für die Zwischenlagerung ist das Anlegen von Mieten erforderlich.
Aus oben benannten Gründen zeigen wir Ihnen hiermit gemäß § 6 Nr. 1 VOB/B die Behinderung in der Bauausführung unserer vertraglichen Leistungen an. Gemäß § 6 Nr. 2 VOB/B zeigen wir Ihnen weiterhin die Verlängerung der Ausführungsfrist an.
Mit freundlichen Grüßen
...

Die Mehrkosten für die Durchführung der Nachtragsleistung „Zwischenlagerung" werden nicht angezeigt, auch die Auswirkungen der Behinderung bzw. Ausführung der Nachtragsleistung sind nicht erkennbar.

Beim nachfolgenden Schreiben kann man erahnen, dass die Behinderung darin besteht, dass vom Auftraggeber zu liefernde Deklarationsanalysen bereits vor Ausführungsbeginn hätten vorliegen sollen, diese jedoch noch nicht vorliegen, und daher keine weiteren Abbruch- oder Aushubarbeiten vorgenommen werden können.

Seit wann diese Behinderung vorliegt, wie sie sich auswirkt, welche Arbeiten davon betroffen sind etc. ist leider nicht beschrieben.

Sehr geehrte Damen und Herren, hiermit möchten wir Ihnen gemäß § 6 VOB/B mitteilen, dass wir in der ordnungsgemäßen Ausführung unserer Leistung behindert worden sind. Die Behinderung wurde aus folgenden Gründen verursacht:

die Behinderung ist von Ihnen zu vertreten,

die Behinderung beruht auf einem für uns unabwendbaren Umstand. Zur Begründung der Behinderung dürfen wir auf folgenden Sachverhalt hinweisen:
Erstellung der Deklarationsanalysen
Mit freundlichen Grüßen
...

An dieser Stelle sei nun lediglich stichpunktartig darauf hingewiesen, welche Inhalte eine Behinderungsanzeige liefern soll.

Ergänzende Details hierzu finden Sie in Abschn. 3.1 „Anspruchsvoraussetzungen bei Behinderungen", da das Vorliegen Ihrer aussagekräftigen Behinderungsanzeige eine wichtige Voraussetzung für Ihren Anspruch auf Bauzeitverlängerung ist.

Beschreiben Sie in Ihrer Behinderungsanzeige so konkret wie möglich,

- warum (Darlegung aller Tatsachen, aus denen sich Gründe der Behinderung für den Auftraggeber mit ausreichender Klarheit ergeben),
- wann (unverzügliche schriftliche Anmeldung der Behinderung, nicht zukunftsgerichtet und nicht nachträglich),
- welche Arbeiten (detaillierte Beschreibung; ggf. genaue räumliche Zuordnung)

nicht wie vorgesehen ausgeführt werden können und

- welche Folgen (betroffene Ressourcen, Verschiebung von Nachfolgegewerken, Bauzeitverlängerung, Mehrkosten, ...)

daraus entstehen.

Auch Beispiele für schlecht geführte Bautagesberichte und Bautagebücher gibt es reichlich. Oftmals ist hierbei das Problem, dass zwar der grundsätzliche Bauablauf später irgendwie – auch unter Zuhilfenahme von Fotos und Schriftverkehr – rekonstruierbar wird, wichtige Details jedoch eben nicht mehr nachvollzogen werden können.

In diesem Buch geht es im Kern um den Anspruch des Auftragnehmers auf Bauzeitverlängerung, häufig führen jedoch auch Stillstände in Teilbereichen der Baustelle zu einer Bauzeitverlängerung – und hierfür sollen dann später zusätzlich zu den zeitabhängigen Kosten aus der Bauzeitverlängerung noch die Stillstandskosten für die betroffenen Mitarbeiter und Geräte gegenüber dem Auftraggeber geltend gemacht werden.

Leider ist in vielen Fällen anhand der Baustellendokumentation nicht nachvollziehbar, welche Ressourcen (Mitarbeiter, Geräte) von dem Stillstand konkret betroffen waren. Kommt es zu einem kompletten Stillstand eines ganzen Gewerkes oder Arbeitsbereiches, wird dies dem Auftraggeber zumeist in einem Schreiben mitgeteilt, in dem dann auch die betroffenen Ressourcen benannt sind. So weit so gut.

Ist jedoch ein bestimmtes Gewerk, eine Kolonne, ein bestimmter Bereich der Baustelle von einer Leistungsminderung, also Produktivitätsverlusten, betroffen, so ist im Nachhinein schwer nachzuvollziehen, welche Ressourcen hiervon betroffen waren, da sich die im Bautagesbericht aufgeführten Mitarbeiter und Geräte nicht den einzelnen Leistungen zuordnen lassen.

Gerade in Bautagesberichten mittelständischer Baufirmen, die überwiegend mit eigenen Mitarbeitern und weniger mit Nachunternehmern arbeiten, sind die eingesetzten Mitarbeiter und Geräte zwar im Bautagesbericht einzeln aufgeführt, diese sind aber nicht im Einzelnen den dort beschriebenen Tätigkeiten zuzuordnen.

Sie kennen das: Im oberen Teil des Bautagesberichtes sind die Mitarbeiter und Maschinen aufgeführt, weiter unten sind die ausgeführten Tätigkeiten beschrieben. Welche Mitarbeiter mit welchen Geräten jedoch mit welcher Tätigkeit beschäftigt waren, kann in der Regel nur aus dem Gedächtnis, nicht jedoch anhand der vorliegenden Dokumentation nachvollzogen werden.

Ist nun eine bestimmte Tätigkeit von einer durch den Auftraggeber zu vertretenden Leistungsminderung betroffen, wird es im Nachhinein schwer sein, dem Auftraggeber nachzuweisen, wie viele Mitarbeiter, Geräte etc. unproduktiv eingesetzt waren, um hierfür Kosten bei ihm geltend zu machen.

Prinzipiell prüfen Sie daher bitte bereits während der Durchführung Ihrer Baumaßnahme und Erstellung der Baustellendokumentation (in Form von Bautagebüchern, Schriftverkehr, Protokollen, Fotos etc.) diese dahingehend, ob

1. aus den vorliegenden Unterlagen später einmal der Ist-Bauablauf detailliert tageweise rekonstruierbar sein wird,
2. der Ist-Bauablauf mit tatsächlichen Leistungen pro Zeiteinheit, dem tatsächlichen Einsatz der Kolonnen, Mitarbeiter, Geräte je Tätigkeitsbereich rekonstruierbar sein wird und
3. der Inhalt Ihrer Dokumentation so verständlich ist, dass ein Dritter später den Zusammenhang zwischen Ursache und Wirkung einer in der Bauabwicklung aufgetretenen Störung nachvollziehen kann.

2 Anspruchsgrundlagen: Welche Störungen im Bauablauf können einen Anspruch auf Bauzeitverlängerung auslösen?

Bevor Sie feststellen können, ob die bei Ihrer Baumaßnahme aufgetretene Störung für Sie einen Anspruch auf Bauzeitverlängerung auslösen kann, machen Sie sich klar, worin die Störung des Bauablaufes genau besteht.

Hiermit ist nicht gemeint, dass Sie die Details der aufgetretenen Störung in technischer Hinsicht beschrieben und bewerten sollen („Im 5. OG in Achse B-7 konnten die Estricharbeiten nicht beginnen, weil der Trockenbauer noch nicht fertig war.“).

Sondern finden Sie heraus, was die auf Ihrer Baustelle aufgetretene Störung nicht technisch, sondern **rechtlich** ausmacht.

Handelt es sich bei der aufgetretenen Störung im Bauablauf tatsächlich um eine Behinderung, oder war es eigentlich eine Änderungsanordnung Ihres Auftraggebers, die zur Ausführung einer geänderten Leistung und damit zur Verzögerung im Bauablauf führte? Konnten die Arbeiten erst später anfangen, weil durch das Vorgewerk eine klassische Behinderung vorlag? Oder haben Sie sich selbst dadurch „behindert“, dass Sie noch eine zusätzliche Leistung ausführen müssten („Der Trockenbauer konnte mit dem Einbau der Abhangdecken nicht beginnen, weil vorher noch zwei Wände geändert werden mussten.“).

Hier müssen Sie immer hinterfragen: Liegt bei der aufgetretenen Bauablaufstörung tatsächlich eine Behinderung vor? Oder hat Ihr Auftraggeber die Ausführung einer geänderten oder zusätzlich erforderlichen Leistung durch eine Änderungsanordnung verursacht? Oder ist die Änderung vielleicht doch auf Fehler Ihrer eigenen Mitarbeiter, Subunternehmer etc. zurückzuführen?

Im Allgemeinen dürfte die Unterscheidung zwischen einer Behinderung und einer anderweitig, z. B. durch die Ausführung von Mehrmengen oder Nachtragsleistungen verursachte Verzögerung, klar sein. Leider ist die Unterscheidung im Einzelfall oftmals nicht so einfach, wie sie theoretisch erscheint.

Zu oft werden in diesem Zusammenhang tatsächliche Behinderungen und die Ausführung von Nachtragsleistungen „in einen Topf geworfen“ oder verwechselt. Erfahrungsgemäß ist nicht jedem Bauleiter klar, worin in baubetrieblich-rechtlicher Hinsicht die Ursache einer auf seiner Baustelle eingetretenen Störung oder Verzögerung besteht.

N. Baschlebe, *Ansprüche auf Bauzeitverlängerung erkennen und durchsetzen*,
DOI 10.1007/978-3-658-10354-5_2

Letztendlich führt zwar beides, eine Behinderung aus dem Risikobereich des Auftraggebers wie auch die Ausführung einer Nachtragsleistung oder die Ausführung von erheblichen Mehrmengen (wenn sie den Gesamtfertigstellungstermin beeinflusst, da sie auf dem „kritischen Weg" liegt und sie bestimmte weitere Kriterien erfüllt) zu einem Anspruch des Auftragnehmers auf Bauzeitverlängerung. Jedoch ist es insbesondere für Ihre Zusammenarbeit mit baubetrieblichen Gutachtern oder Rechtsanwälten hilfreich, wenn Sie die aufgetretene Bauablaufstörung jeweils einer der nachfolgend aufgeführten Kategorien zuordnen können.

Einflüsse, die zu einer Bauzeitverlängerung führen können, sind:

- Behinderungen

  (Störungen des Bauablaufes können aus dem Risikobereich des Auftragnehmers oder des Auftraggebers stammen; nur Störungen aus dem Risikobereich des Auftraggebers werden hier als „Behinderung" betrachtet),
- Mengenänderungen, insbesondere erhebliche Mengenmehrungen,
- geänderte Leistungen,
- zusätzlich erforderliche Leistungen.

Nachdem Sie somit festgestellt haben, worin genau die Störung Ihres Bauablaufes besteht, bestimmen Sie die rechtliche Grundlage Ihres Anspruches, also die sogenannte Anspruchsgrundlage. Das Feststellen der Anspruchsgrundlage ist deshalb wichtig, weil die Anspruchsgrundlage beschreibt, welche Anspruchsvoraussetzungen im Einzelnen zu erfüllen sind, damit Ihrerseits ein Anspruch (auf Vergütung, auf Bauzeitverlängerung o. ä.) besteht.

Die Anspruchsgrundlage bezeichnet i. d. R. eine rechtliche Norm, also z. B. einen Paragraphen aus der VOB.

Ein Ihnen aus der täglichen Praxis sicherlich bekanntes Beispiel für eine Anspruchsgrundlage ist § 2 der VOB/B: Bei der Ausführung von Mehrmengen ist die Anspruchsgrundlage § 2 Abs. 3 VOB/B, bei der Ausführung von geänderten Leistung ist es § 2 Abs. 5 VOB/B und bei zusätzlich erforderlichen Leistungen liefert § 2 Abs. 6 VOB/B die Anspruchsgrundlage.

Die Unterscheidung der Anspruchsgrundlagen ist insofern von Bedeutung, da hieraus die von Ihnen zu erfüllenden Anspruchsvoraussetzungen zu entnehmen sind. Und diese zu erfüllenden Voraussetzungen unterscheiden sich bekanntermaßen, je nachdem ob Sie eine Mehrmenge, geänderte Leistung oder zusätzlich erforderliche Leistung ausführen, d. h. die von Ihnen zu erfüllenden Voraussetzungen für einen Anspruch (in diesem Fall einen Vergütungsanspruch für die Mehrmenge, geänderte oder zusätzlich erforderliche Leistung) unterscheiden sich je nach Anspruchsgrundlage.

Die Anspruchsgrundlage für Bauzeitverlängerungsansprüche ist grundsätzlich § 6 VOB/B, denn dies ist die einzige Regelung in der VOB/B, aus der sich Bauzeitansprüche ergeben[1].

§ 6 VOB/B
Behinderung und Unterbrechung der Ausführung

(1) Glaubt sich der Auftragnehmer in der ordnungsgemäßen Ausführung der Leistung behindert, so hat er es dem Auftraggeber unverzüglich schriftlich anzuzeigen. Unterlässt er die Anzeige, so hat er nur dann Anspruch auf Berücksichtigung der hindernden Umstände, wenn dem Auftraggeber offenkundig die Tatsache und deren hindernde Wirkung bekannt waren.

(2) 1. **Ausführungsfristen werden verlängert**, soweit die **Behinderung** verursacht ist:
a) durch einen Umstand aus dem Risikobereich des Auftraggebers,
b) durch Streik oder eine von der Berufsvertretung der Arbeitgeber angeordnete Aussperrung im Betrieb des Auftragnehmers oder in einem unmittelbar für ihn arbeitenden Betrieb,
c) durch höhere Gewalt oder andere für den Auftragnehmer unabwendbare Umstände.
2. Witterungseinflüsse während der Ausführungszeit, mit denen bei Abgabe des Angebotes normalerweise gerechnet werden musste, gelten nicht als Behinderung.

(3) Der Auftragnehmer hat alles zu tun, was ihm billigerweise zugemutet werden kann, um die Weiterführung der Arbeiten zu ermöglichen. Sobald die hindernden Umstände wegfallen, hat er ohne weiteres und unverzüglich die Arbeiten wieder aufzunehmen und den Auftraggeber davon zu benachrichtigen.

(4) **Die Fristverlängerung wird berechnet nach der Dauer der Behinderung** mit einem Zuschlag für die Wiederaufnahme der Arbeiten und die etwaige Verschiebung in eine ungünstigere Jahreszeit.

...

[Hervorhebung durch die Verfasserin]

Inwieweit § 6 VOB/B bzw. insbesondere § 6 Abs. 2 VOB/B als Anspruchsgrundlage bei den verschiedenen möglichen bauzeitverlängernden Einflüssen herangezogen werden kann, wird im Folgenden dargestellt.

Es wird nachfolgend für die zuvor bereits genannten möglichen Störungen im Bauablauf, also

[1] VOB (2012) Teil B, § 6.

- Behinderungen
  (Störungen des Bauablaufes können aus dem Risikobereich des Auftragnehmers oder des Auftraggebers stammen; nur Störungen aus dem Risikobereich des Auftraggebers werden hier als „Behinderung" betrachtet),
- Mengenänderungen, insbesondere erhebliche Mengenmehrungen,
- geänderte Leistungen,
- zusätzlich erforderliche Leistungen

nachgewiesen, dass § 6 VOB/B als Anspruchsgrundlage für Bauzeitverlängerungsansprüche des Auftragnehmers anwendbar ist.

Dazu wird nachfolgend für jeden der o. g. Einflüsse sowohl Literatur als auch aktuelle Rechtsprechung zum § 6 VOB/B ausgewertet und detailliert dargestellt.

Dies soll Ihnen insbesondere Argumente gegenüber Ihrem Auftraggeber liefern, wenn dieser – wie so mancher Auftraggeber es heute noch immer praktiziert – behauptet, die Ausführung einer Nachtragsleistung wirke sich niemals behindernd und bauzeitverlängernd auf dem Bauablauf aus, und jede Nachtragsleistung müsse innerhalb der vertraglich vereinbarten Bauzeit ausgeführt werden.

Oder wenn Ihr Auftraggeber zwar zugesteht, dass sich die Ausführung einer Nachtragsleistung bauzeitverzögernd ausgewirkt habe, die zeitlichen Folgen aber von Ihnen als Auftragnehmer zu tragen seien, da er als Auftraggeber ja das Änderungsanordnungsrecht nach § 1 Abs. 3 VOB/B habe.

Anmerkung: Bei der Ausführung einer Nachtragsleistung muss Ihr Anspruch auf Bauzeitverlängerung und auf Erstattung der aus der Bauzeitverlängerung resultierenden Mehrkosten (z. B. erhöhte Baustellengemeinkosten aufgrund der längeren Bauzeit, zeitabhängige Kosten für längere Vorhaltung der Baustelleneinrichtung, des Bauleiters etc.) sowohl in Ihrem Nachtragsangebot als auch in der mit Ihrem Auftraggeber getroffenen Nachtragsvereinbarung vorbehalten werden.

Ihr Anspruch auf Verlängerung der Bauzeit ebenso wie Ihr Anspruch auf Erstattung der Kosten aus der Bauzeitverlängerung verfallen, sofern diese nicht im Angebot für die Nachtragsleistung bereits angekündigt wurden und auch in der späteren Nachtragsverhandlung, also Verhandlung des Preises für die Nachtragsleistung, nochmals vorbehalten wurden.

Details hierzu sind in Abschn. 3.5 „Vorbehalt in Nachtragsangeboten und bei Nachtragsverhandlungen" genauer erläutert.

Sofern dies bei der Nachtragsverhandlung schon möglich ist, sollten Sie die Dauer der Bauzeitverlängerung und die Höhe der Mehrkosten mit Ihrem Auftraggeber direkt der Höhe nach vereinbaren.

2.1 Behinderung

§ 6 VOB/B beschreibt, inwieweit und unter welchen Bedingungen die Ausführungsfristen bei Eintritt einer Behinderung angepasst werden.

Bauzeitansprüche des Auftragnehmers ergeben sich ausschließlich aus § 6 VOB/B, allerdings ist hier nur die „Behinderung" als Ursache für die Bauzeitverlängerung beschrieben[2]:

> (2) 1. Ausführungsfristen werden verlängert, soweit die **Behinderung** verursacht ist:
> ...
> (4) Die Fristverlängerung wird berechnet nach der **Dauer der Behinderung** mit einem Zuschlag für die Wiederaufnahme der Arbeiten und die etwaige Verschiebung in eine ungünstigere Jahreszeit.
> ...
> [Hervorhebung durch die Verfasserin]

► **Fazit** Es ist festzuhalten, dass § 6 VOB/B die Anspruchsgrundlage für Bauzeitverlängerungsansprüche des Auftragnehmers liefert, sofern die Ursache hierfür in einer Behinderung liegt.
Störungen des Bauablaufes können aus dem Risikobereich des Auftragnehmers oder des Auftraggebers stammen; nur Störungen aus dem Risikobereich des Auftraggebers werden hier als „Behinderung" betrachtet.

Dass die Regelung des § 6 VOB/B, die für behinderungsbedingte Bauzeitverlängerungsansprüche gilt, auch für andere mögliche Ursachen von Bauzeitverlängerung, wie Mengenänderungen, geänderte Leistungen oder zusätzlich erforderliche Leistungen, anzuwenden ist, wird im Folgenden belegt.

Anhand der folgenden Auswertung von aktueller Rechtsprechung und Fachliteratur ist festzustellen, dass bzw. inwieweit Mengenänderungen, geänderte und zusätzlich erforderliche Leistungen als Behinderung betrachtet werden können, um somit nachzuweisen, dass bei einer hieraus resultierenden Bauzeitverlängerung auch § 6 VOB/B die Anspruchsgrundlage liefert.

Zu diesem Zweck wurde entsprechende Literatur zum § 6 Abs. 2 VOB/B und aktuelle Rechtsprechung dahingehend ausgewertet, was unter einer „Behinderung" zu verstehen ist, und unter welchen Voraussetzungen Mengenänderungen, geänderte und zusätzlich erforderliche Leistungen als Behinderung eingeordnet werden können.

Berger schreibt hierzu im Beck'schen VOB-Kommentar[3]:

> Unter den Begriff „Behinderung" fallen alle Leistungsstörungen, die den vorgesehenen oder üblichen Bauablauf hemmen, verzögern oder unterbrechen und sich daher störend auf den Ablauf der Bautätigkeit auswirken. Neben sog. Bauablaufstörungen, die den vorgesehenen

[2] VOB (2012) Teil B, § 6.
[3] Beck'scher VOB-Kommentar (2013), VOB Teil B, vor § 6 Rdnr. 32.

Leistungsablauf in sachlicher, zeitlicher oder räumlicher Hinsicht hemmen oder verzögern, zählen hierzu auch Behinderungen oder besser Verhinderungen des Baubeginns sowie zwangsläufige vorübergehende Unterbrechungen der Bautätigkeit. ... Eine Behinderung ist eine Bauablaufstörung mit negativen Auswirkungen auf die Einhaltung der vereinbarten Bauzeit. Ohne Änderung der Baustellenbeschickung und damit der Produktivität oder sonstige Maßnahmen und Umstellungen (Baustellenförderung) können die vertraglichen Ausführungsfristen nicht eingehalten werden. ...

Als Behinderung erweist sich damit ein Störungstatbestand, der die vom Auftragnehmer auf der Grundlage des Vertrags zu Recht disponierte **Abwicklungsgeschwindigkeit** negativ beeinflusst, den Arbeitsfluss hemmt oder unterbricht und ein kontinuierliches Arbeiten ausschließt oder damit die angestrebte Produktivität herabsetzt.

Alles was den objektiv-durchschnittlichen und kontinuierlichen Arbeitsablauf, auf den sich ein Auftragnehmer einstellen darf, gefährdet oder negative Folgen für die Einhaltung der vertraglichen Ausführungsfristen hat, ist eine Behinderung. ...

Drittler[4] fasst nach einer von ihm durchgeführten Literaturauswertung zur Definition von „Behinderung" zusammen:

Jedes Ereignis mit negativer, positiver und ohne jegliche Wirkung auf den vertragsgemäß geplanten und realistischen Produktionsprozess (Ablauf und Produktivität) ist unabhängig von der Einordnung in den Risikobereich des Auftraggebers oder des Auftragnehmers eine **Störung**. Alle Störungen mit negativen Folgen auf Ablauf oder Produktivität sind **Behinderungen**. ...

Als Antwort auf die Frage, was genau eine Behinderung ist, findet sich im *Handbuch Bauzeit*[5] folgende Definition:

Behinderungen sind also Auswirkungen störender Ereignisse bzw. hindernder Umstände, die zu einer Verlangsamung des vom Auftragnehmer geplanten Produktionsablaufs führen. Diese Verlangsamung kann sich in einer längeren Unterbrechung, einer kurzfristigen zeitweisen Unterbrechung (Stop and Go) oder einer niedrigeren Geschwindigkeit der Arbeiten (Go Slow) bzw. einer Kombination dieser Erscheinungsformen zeigen.

Es wird nachstehend dargelegt, inwiefern die Definition von „Behinderung" auch Mengenänderungen, geänderte Leistungen und zusätzlich erforderliche Leistungen beinhalten kann.

2.2 Mengenänderungen

Da Bauzeitansprüche des Auftragnehmers in § 6 VOB/B geregelt sind, hier aber nur der Begriff „Behinderung" genannt wird, ist nachfolgend dargestellt, inwieweit Mengenänderungen als „Behinderung" im Sinne des § 6 Abs. 2 VOB/B gesehen werden können.

[4] Drittler (2010), Rdnr. 552.
[5] Handbuch Bauzeit (2013), Rdnr. 497.

Kapellmann/Schiffers[6] definieren Behinderungen als „Störungen mit negativen Folgen". Geänderte und zusätzlich erforderliche Leistungen werden ebenso wie (beachtliche) Mehr- oder Mindermengen als Störungen gesehen:

> Baubetrieblich sind Behinderungen im Sinne von § 6 VOB/B Störungen mit (negativen) Folgen.... Wir definieren Störungen als unplanmäßige Einwirkungen auf den vom Auftragnehmer vertragsgemäß geplanten Produktionsprozess....
>
> Auch geänderte oder zusätzliche Leistungen sind im formalen Sinn Störungen, nämlich Abweichungen vom planmäßigen inhaltlichen Bausoll mit Folgen für den geplanten Produktionsprozess.
>
> **Dasselbe gilt für beachtliche Mehr- oder Mindermengen im Sinne von § 2 Abs. 3 VOB/B.**
>
> [Hervorhebung durch die Verfasserin]

Auch *Berger*[7] geht in seinen Erläuterungen zum § 6 Abs. 2 VOB/B darauf ein, dass Mehrmengen sich auf die Bauzeit auswirken und dass es hier einen Rückgriff auf § 6 VOB/B geben muss, da sich die Ausführung von Mehrmengen auf die Bauzeit auswirkt:

> Leistungsmehrungen und Leistungsänderungen begründen nicht nur eine geänderte Vergütung nach § 2 Abs. 5 und Abs. 6 VOB/B, sondern haben auch Auswirkungen auf die Bauzeit.
>
> Hat nämlich die vertragliche Einigung in Kenntnis der vertraglich geschuldeten Bauumstände und des Bau-Soll einvernehmlich zu Bauvertragsfristen geführt, ist das Äquivalenzverhältnis bei Eingriffen in die Bauumstände wie auch das Bau-Soll gestört.... Das bedeutet: Selbstverständlich wirkt sich – jedenfalls bei einem Einheitspreisvertrag – jede Mengenmehrung bei einer auf die Ausgangsmenge abgestimmten Baustellenförderung auf die Bauzeit aus. Diese Mengenmehrung ist ... bei einem Einheitspreisvertrag dem Risikobereich des Auftraggebers zuzuweisen.... Soweit Leinemann den Rückgriff auf § 6 Abs. 2 VOB/B wegen der Regelung in § 2 VOB/B verneint, wird nicht bedacht, dass es um die Auswirkungen von Mehrmengen auf die Ausführungsfrist geht, was § 2 VOB/B nicht regelt.

Somit kann auch hiernach eine Mengenänderung als Behinderung im Sinne des § 6 Abs. 2 VOB/B gesehen werden.

Berger[8] beschäftigt sich auch mit der Frage, ob alle Mengenänderungen bzw. Mengenmehrungen oder nur die über 10 % hinausgehenden Mengenerhöhungen eine Auswirkung auf die Bauzeit haben:

> Ob die Mengentoleranz von 10 % nach dieser Bestimmung [§ 2 Abs. 3 VOB/B], die bewirkt, dass nur für die 110 % übersteigende Mengen ein neuer Einheitspreis zu ermitteln ist, auch eine vertraglich einzukalkulierende Zeittoleranz darstellt, ist problematisch. Es spricht mehr dafür als dagegen. Denn die Preisbestimmung muss notwendig die zeitabhängigen Baukosten berücksichtigen und damit in die Preiskalkulation die Auswirkungen einer Mengenmehrung von 10 % auf die Bauzeit einstellen. Deshalb ist der Bauzeitfaktor von der 10 %-Regelung miterfasst.
>
> [Ergänzung durch die Verfasserin]

[6] Kapellmann/Schiffers (2011), Rdnr. 1202.
[7] Beck'scher VOB-Kommentar (2013); VOB Teil B, § 6 Abs. 2, Rdnr. 51.
[8] Beck'scher VOB-Kommentar (2013), VOB Teil B, § 6 Abs. 2, Rdnr. 51.

Ist somit die Mengenerhöhung größer als 10 %, haben Sie als Auftragnehmer auf jeden Fall einen Anspruch auf Verlängerung der Bauzeit.

Dies gilt theoretisch auch für eine Mengenminderung über 10 %, also eine Mengenreduzierung auf unter 90 % der ausgeschriebenen Menge, jedoch wird dies in der Praxis in Bezug auf einen Bedarf an mehr Bauzeit kaum relevant sein. Es ist schwer vorstellbar, dass eine erhebliche Mengenreduzierung zu einem Bedarf an mehr Bauzeit führt. Da es aber bekanntlich nichts gibt, was es nicht gibt, sei auch dieser Fall hier der Vollständigkeit halber erwähnt.

Offen ist zunächst noch, ob eine Mengenerhöhung unter 10 %, z. B. eine Mengenerhöhung um 9,9 %, insbesondere wenn diese bei mehreren Positionen auftritt, zu einem Anspruch auf Verlängerung der Bauzeit führt.

Hierzu schreibt *Berger*[9]*:*

> Das bedeutet: Selbstverständlich wirkt sich – jedenfalls bei einem Einheitspreisvertrag – **jede Mengenmehrung** bei einer auf die Ausgangsmenge abgestimmten Baustellenförderung auf die Bauzeit aus. Diese Mengenmehrung ist ... bei einem Einheitspreisvertrag dem Risikobereich des Auftraggebers zuzuweisen. Davon zu unterscheiden sind die vergütungsrechtlichen Folgen. Eine Bauzeitverlängerung, die mengenmäßig auf eine Volumenmehrung bis zu 10 % zurückgeht, hat keine Vergütungsfolgen, weil sich der Einheitspreis ... nicht ändert. [Hervorhebung durch die Verfasserin]

Berger schreibt, dass jede Mengenmehrung (auch die bis 10 %) Auswirkungen auf die Bauzeit hat und in den Risikobereich des Auftraggebers fällt, jedoch ohne vergütungsrechtliche Folgen für die Mengenänderung bis 10 %.

Dies ist zu konkretisieren und zu ergänzen:

- Jede Mengenänderung (auch unter 10 % Abweichung von der vertraglich vereinbarten Menge) kann sich auf den Bauablauf auswirken.
- Eine Auswirkung auf den Fertigstellungstermin ist nur dann gegeben, wenn die Ausführung der Leistung, deren auszuführende Menge sich ändert, auf dem „kritischen Weg“ liegt.
- Eine Mengenänderung unter 10 % hat zunächst laut *Berger* keine vergütungsrechtlichen Folgen, da sich der Einheitspreis nicht ändert; siehe § 2 Abs. 3 VOB/B.
- Wirkt sich die Mengenänderung aber auf die Bauzeit aus und bewirkt einen Anspruch des Auftragnehmers auf Verlängerung der Bauzeit, so wird der Auftragnehmer i.d.R auch einen Anspruch auf Erstattung der Mehrkosten haben, die ihm durch die Verlängerung der Bauzeit entstehen.

Bei *Kapellmann/Schiffers*[10] ist im Zusammenhang mit der Beschreibung des Risikobereiches des Auftraggebers, aus dem die Behinderung stammen muss, definiert, dass der

[9] Beck'scher VOB-Kommentar (2013), VOB Teil B, § 6 Abs. 2, Rdnr. 51.
[10] Kapellmann/Schiffers (2011), Rdnr. 1250.

Auftraggebers erst Auswirkungen der Mengenüberschreitung übernehmen muss, wenn diese größer als 10 % sind:

> Zum Risikobereich und darüber hinaus zu den vertraglichen **Nebenpflichten** des Auftraggebers gehören, wenn nichts anderes wirksam vertraglich vereinbart ist, alle Mitwirkungshandlungen, insbesondere:
>
> - ...
> - die Übernahme der Auswirkungen von Mengenüberschreitungen entsprechend § 2 Abs. 3 VOB/B jedenfalls dann, wenn die 10 %-Marge überschritten wird,
> - ...

Folglich können laut *Kapellmann/Schiffers* Mengenänderungen erst dann eine Behinderung aus dem Risikobereich des Auftraggebers gemäß § 6 Abs. 2 sein, wenn diese größer als 10 % sind.

Auch laut *Drittler*[11] können sich „zufällige" Mengenerhöhungen in einzelnen Positionen als Behinderung auswirken:

> Die Einhaltung von verbindlichen Vertragsfristen ist dann stets gefährdet, wenn solche „normalen" Nachträge erheblich ins Gewicht fallen und für ihre Durchführung zusätzliche Zeit erforderlich ist. **Das kann auch für „zufällige" Mengenerhöhungen in einzelnen Positionen gelten.** Im Bauablauf werden solche Mengenerhöhungen ... immer dann behindernd sein, wenn die betreffenden Vorgänge von vornherein auf dem kritischen Weg liegen oder wenn etwaige Pufferzeiten aufgezehrt sind und die Mehrleistungen auf die verbindlichen Vertragsfristen durchdrücken.
> [Hervorhebung durch die Verfasserin]

Entsprechend der hier im Abschn. 2.1 „Behinderung" bereits genannten allgemeinen Definitionen von „Behinderung" können somit Mengenänderungen Störungen des Bauablaufes im Sinne einer Behinderung nach § 6 VOB/B sein[12]:

> Alles was den objektiv-durchschnittlichen und kontinuierlichen Arbeitsablauf, auf den sich ein Auftragnehmer einstellen darf, gefährdet oder negative Folgen für die Einhaltung der vertraglichen Ausführungsfristen hat, ist eine Behinderung. ...

Es besteht in der ausgewerteten Literatur jedoch keine Einigkeit darüber bzw. keine klare Aussage dazu, ob auch Mengenänderungen (insbesondere Mengenmehrungen) unterhalb 10 % einen Anspruch auf Bauzeitverlängerung auslösen können, sofern diese Leistungen auf dem „kritischen Weg" liegen.

Sehr wohl müsste es aber so sein, dass wenn sich ein Großteil der ausgeschriebenen Mengen um 9,9 % erhöht, Sie als Auftragnehmer einen Anspruch auf mehr Bauzeit haben. Dies ist jedoch, wie oben beschrieben, nicht abschließend geklärt.

[11] Drittler (2010), Rdnr. 677.

[12] Beck'scher VOB-Kommentar (2013), VOB Teil B, vor § 6 Rdnr. 32.

Als wirklich praxisrelevant haben sich dessen ungeachtet die Fälle gezeigt, in denen sich bei einzelnen Positionen die auszuführende Menge gegenüber der ausgeschriebenen Menge erheblich erhöht hat, also deutlich über 10 % hinaus.

Hierzu sind die Aussagen eindeutig, dass die Ausführung von erheblichen Mehrmengen einen Anspruch auf Bauzeitverlängerung auslöst (unter den nachfolgend als zu erfüllende „Anspruchsvoraussetzungen" beschriebenen Randbedingungen; siehe Abschn. 3.2 „Anspruchsvoraussetzungen bei Mengenänderungen, geänderten und zusätzlich erforderlichen Leistungen").

▶ **Fazit** § 6 VOB/B bildet die Anspruchsgrundlage für Bauzeitverlängerungsansprüche des Auftragnehmers auch bei **Mengenänderungen**, insbesondere Mengenerhöhungen.
Es ist nicht abschließend geklärt, ob tatsächlich alle Mengenänderungen einen Anspruch auf Bauzeitverlängerung für den Auftragnehmer auslösen können, oder nur die Mengenänderungen größer 10 % der ausgeschriebenen bzw. vertraglich vereinbarten Menge.
Nach überwiegender Meinung lösen jedoch nur Mengenänderungen (Mengenerhöhungen) größer 10 % einen Anspruch auf Verlängerung der Bauzeit aus, analog zu der Regelung nach § 2 Abs. 3 VOB/B, dass sich erst ab einer Mengenänderung über 10 % der Einheitspreis ändert.

2.3 Geänderte und zusätzlich erforderliche Leistungen

Wie bereits zuvor im Zusammenhang mit den Mengenänderungen beschrieben ist, sind nach *Kapellmann/Schiffers*[13] sowohl Mengenänderungen als auch geänderte und zusätzlich erforderliche Leistungen als Störungen, also „Behinderungen", im Sinne von § 6 VOB/B zu sehen.

> Baubetrieblich sind Behinderungen im Sinne von § 6 VOB/B Störungen mit (negativen) Folgen. ... Wir definieren Störungen als unplanmäßige Einwirkungen auf den vom Auftragnehmer vertragsgemäß geplanten Produktionsprozess. ...
>
> **Auch geänderte oder zusätzliche Leistungen sind im formalen Sinn Störungen**, nämlich Abweichungen vom planmäßigen inhaltlichen Bausoll mit Folgen für den geplanten Produktionsprozess.
>
> Dasselbe gilt für beachtliche Mehr- oder Mindermengen im Sinne von § 2 Abs. 3 VOB/B. [Hervorhebung durch die Verfasserin]

Auch laut *Berger*[14] kann eine geänderte oder zusätzlich erforderliche Leistung den Bauablauf behindern und so einen Anspruch des Auftragnehmers auf mehr Bauzeit auslösen:

[13] Kapellmann/Schiffers (2011), Rdnr. 1202.
[14] Beck'scher VOB-Kommentar (2013), VOB Teil B, § 6 Abs. 2, Rdnr. 51.

Änderungsanordnungen (§ 1 Abs. 3 VOB/B) und die Anordnung von Zusatzleistungen (§ 1 Abs. 4 VOB/B) begründen eine Verlängerung der Ausführungsfrist, wenn die Änderung/Zusatzleistung im Vergleich zum ursprünglichen Leistungsinhalt und Leistungsumfang die Bauausführung in der nach dem Ablaufplan vorgesehenen Zeit behindert. ...

Dies wird von *Drittler*[15] bestätigt:

Bauzeitverlängerung und Produktivitätsverlust als Folge der Wahrnehmung des Leistungsbestimmungsrechts durch den Auftraggeber (Anordnungen nach § 1 Abs. 3, 4 VOB/B): **Es bestehen keine Bedenken, in Entwurfsänderungen oder Anordnungen des Auftraggebers nach § 1 Abs. 3 VOB/B zugleich Behinderungen des Auftragnehmers zu sehen,** der seine Bauleistung nicht entsprechend seiner ursprünglichen Bauablaufplanung ausführen kann. **Das gleiche gilt für Anordnungen von Zusatzleistungen nach § 1 Abs. 4 VOB/B.**
...
[Hervorhebung durch die Verfasserin]

Er erläutert weiter[16]:

Auch Anordnungen des Auftraggebers zur Durchführung von Zusatzleistungen oder zur Änderung vertraglich vorgesehener Leistungen können sich hindernd auf den Bauablauf auswirken. Die Einhaltung von verbindlichen Vertragsfristen ist dann stets gefährdet, wenn solche „normalen" Nachträge erheblich ins Gewicht fallen und für ihre Durchführung zusätzliche Zeit erforderlich ist. ... Im Bauablauf werden solche Mengenerhöhungen, Leistungsänderungen und Zusatzleistungen immer dann behindernd sein, wenn die betreffenden Vorgänge von vornherein auf dem kritischen Weg liegen oder wenn etwaige Pufferzeiten aufgezehrt sind und die Mehrleistungen auf die verbindlichen Vertragsfristen durchdrücken.

Auch die Rechtsprechung spiegelt das gleiche Ergebnis wider. Das OLG Braunschweig hat bereits 2001 geänderte oder zusätzlich erforderliche Leistungen als potenzielle Behinderung des Bauablaufes eingeordnet[17]:

Die Kosten einer **Behinderung, die auf einer Änderungsanordnung nach § 1 Nr. 3 VOB/B oder auf zusätzlichen Leistungen nach § 1 Nr. 4 VOB/B beruhten**, seien schon Bestandteil der den Klägerinnen nach § 2 Nr. 5 VOB/B oder § 2 Nr. 6 VOB/B zustehenden und auch gezahlten Vergütung ...
[Hervorhebung durch die Verfasserin]

Mit einer „Behinderung, die auf einer Änderungsanordnung nach § 1 Nr. 3 VOB/B oder auf zusätzlichen Leistungen nach § 1 Nr. 4 VOB/B beruht", kann nur gemeint sein, dass sich die Ausführung dieser Leistungen im Sinne einer Behinderung störend auf den Bauablauf auswirken können.

[15] Drittler (2010), Rdnr. 567.
[16] Drittler (2010), Rdnr. 677.
[17] BauR 2001, 1739: OLG Braunschweig, Urteil vom 02.11.2000.

Dies wird durch ein Urteil des OLG Stuttgart aus 2011 konkret bestätigt[18]:

Bauzeitverlängerung und Entschädigung auch ohne Behinderungsanzeige!

1. **Geänderte oder zusätzliche Leistungen sind bei Auswirkung auf den Bauablauf als Behinderung im Sinne von § 6 Nr. 1, 2 VOB/B anzusehen.**
2. Der Auftragnehmer muss eine Behinderung anzeigen, sobald er sie kennt oder erkennen kann, das heißt eine begründete Vermutung besteht, dass eine Behinderung eintreten wird, möglichst vor ihrem Eintritt. ...

[Hervorhebung durch die Verfasserin]

► **Fazit** Auch **geänderte Leistungen** und **zusätzlich erforderliche Leistungen** können sich behindernd im Bauablauf auswirken und zu einem Anspruch des Auftragnehmers auf Bauzeitverlängerung führen. Die Anspruchsgrundlage liefert, ebenso wie für eine klassische Behinderung, § 6 VOB/B.

Literatur

Drittler, Matthias: Nachträge und Nachtragsprüfung beim Bau- und Anlagenbauvertrag 2010, Werner Verlag

Ganten/Jansen/Voit: Beck'scher VOB-Kommentar, 3. Auflage 2013, Verlag C. H. Beck

Kapellmann/Schiffers: Vergütung, Nachträge und Behinderungsfolgen beim Bauvertrag, 6. Auflage 2011, Werner Verlag

Roquette/Viering/Leupertz: Handbuch Bauzeit, 2. Auflage 2013, Werner Verlag

VOB Vergabe- und Vertragsordnung für Bauleistungen, Ausgabe 2012, herausgegeben im Auftrag des Deutschen Vergabe- und Vertragsausschusses für Bauleistungen

Zeitschrift „Baurecht" (BauR), Werner Verlag, BauR 2001, 1739: OLG Braunschweig, Urteil vom 02.11.2000

Zeitschrift IBR Immobilien- und Baurecht bzw. ibr-online.de, Datenbank für. Bau-, Vergabe- und Immobilienrecht, Verlag C. H. Beck, IBR 2013, 465: RA und FA für Bau- und Architektenrecht Philipp Hummel; OLG Stuttgart, Urteil vom 29.11.2011

[18] IBR 2013, 465: RA und FA für Bau- und Architektenrecht Philipp Hummel; OLG Stuttgart, Urteil vom 29.11.2011.

3 Anspruchsvoraussetzungen: Erfüllung der Voraussetzungen für einen Anspruch auf Bauzeitverlängerung

In Kap. 2 wurde zuvor beschrieben, dass nicht nur Behinderungen, sondern auch die Ausführung von geänderten Leistungen, zusätzlich erforderlichen Leistungen oder Mehrmengen einen Anspruch auf Bauzeitverlängerung auslösen **können**, da alle diese Bauablaufstörungen als Behinderungen im Sinne des § 6 VOB/B gesehen werden können. Somit liefert § 6 VOB/B für alle diese Fälle die Anspruchsgrundlage für Ihren Anspruch auf Bauzeitverlängerung.

Bevor Sie einen Anspruch auf Verlängerung der Bauzeit gegenüber Ihrem Auftraggeber geltend machen, sollten Sie jedoch kritisch prüfen, ob die für die jeweilige aufgetretene Bauablaufstörung zu erfüllenden Anspruchsvoraussetzungen tatsächlich erfüllt sind, d. h. ob die eingetretene Störung im Bauablauf tatsächlich einen Anspruch auf Bauzeitverlängerung auslöst.

Denn es reicht nicht aus, dass Sie z. B. eine vom Auftraggeber angeordnete Nachtragleistung ausgeführt haben und sich diese, dadurch dass sie auf dem „kritischen Weg" lag, bauzeitverlängernd ausgewirkt hat. Es sind weitere Voraussetzungen zu erfüllen.

Auch eine aufgetretene Behinderung im Bauablauf, die zwar gemäß § 6 VOB/B zu einem Anspruch des Auftragnehmers auf Bauzeitverlängerung führen kann, muss weitere Kriterien erfüllen, um tatsächlich diesen Anspruch des Auftragnehmers hervorzurufen.

Nachdem zuvor gezeigt wurde, dass durch Behinderungen, die Ausführung von Mehrmengen und Nachtragsleistungen Bauzeitverlängerungsansprüche des Auftragnehmers gemäß § 6 VOB/B entstehen **können**, sind nachfolgend die hierfür zu erfüllenden Anspruchsvoraussetzungen dargestellt.

Zu den Anspruchsvoraussetzungen ist im *Handbuch Bauzeit*[1] unter *I. Rechtliche Regelungen zu Terminverlängerungen, 1. Systematik und Begriffe* folgendes beschrieben:

[1] Handbuch Bauzeit (2013), Rdnr. 494.

N. Baschlebe, *Ansprüche auf Bauzeitverlängerung erkennen und durchsetzen*,
DOI 10.1007/978-3-658-10354-5_3

> Regelmäßige Frage bei gestörten Bauabläufen ist, ob ein bauzeitverlängerndes Ereignis zu einer Verlängerung der Ausführungsfristen zugunsten des Auftragnehmers führt.
>
> Dazu sind folgende Voraussetzungen zu prüfen:
>
> - Ereignis (hindernde Umstände) aus dem Risikobereich des Auftraggebers,
> - Kausal verursachte Behinderung des Auftragnehmers,
> - Behinderungsanzeige oder Offenkundigkeit.
>
> Dies ist das „Grundschema". Die Voraussetzungen dieses Grundschemas, das abweichend vom Aufbau des § 6 VOB/B aus dessen Regelungen abgeleitet wird, werden im Folgenden erläutert. Zusätzlich ist eine Reihe weiterer Einzelheiten zu berücksichtigen ...

Hier wird bereits darauf hingewiesen, dass bestimmte Voraussetzungen zu erfüllen und Details zu beachten sind.

Die in Hinblick auf einen Bauzeitverlängerungsanspruch des Auftragnehmers zu erfüllenden Anspruchsvoraussetzungen werden nachfolgend sowohl für Behinderungen als auch für die Ausführung von Mengenänderungen und geänderten sowie zusätzlich erforderlichen Leistungen im Einzelnen dargelegt.

3.1 Anspruchsvoraussetzungen bei Behinderungen

Wenn eine Behinderung im Bauablauf aufgetreten ist, müssen bestimmte Voraussetzungen erfüllt werden, um hieraus einen Anspruch auf Bauzeitverlängerung gegenüber dem Auftraggeber geltend machen zu können.

Drei Anspruchsvoraussetzungen sind zu erfüllen, und deren Erfüllung ist durch Sie als Auftragnehmer nachzuweisen:

1. Behinderung stammt aus dem Risikobereich des Auftraggebers,
2. Vorliegen einer Behinderungsanzeige oder Offenkundigkeit,
3. Die Behinderung muss ursächlich für die Bauzeitverlängerung sein.

Die zu erfüllenden drei Anspruchsvoraussetzungen werden im Folgenden erläutert:

Anspruchsvoraussetzung 1:

Behinderung stammt aus dem Risikobereich des Auftraggebers

oder Behinderung durch Streik oder Aussperrung

oder Behinderung durch höhere Gewalt

Diese Anspruchsvoraussetzung(en) sind dem Wortlaut des § 6 VOB/B zu entnehmen[2]:

> (2) 1. Ausführungsfristen werden verlängert, soweit die **Behinderung** verursacht ist:
> a) durch einen Umstand **aus dem Risikobereich des Auftraggebers**,
> b) durch **Streik** oder eine von der Berufsvertretung der Arbeitgeber angeordnete **Aussperrung** im Betrieb des Auftragnehmers oder in einem unmittelbar für ihn arbeitenden Betrieb,
> c) durch **höhere Gewalt** oder andere für den Auftragnehmer unabwendbare Umstände.
>
> 2. Witterungseinflüsse während der Ausführungszeit, mit denen bei Abgabe des Angebotes normalerweise gerechnet werden musste, gelten nicht als Behinderung.
>
> ...
>
> [Hervorhebung durch die Verfasserin]

Somit sind unter der Anspruchsvoraussetzung, dass es sich um eine Behinderung aus dem Risikobereich des Auftraggebers handeln muss, zwei Anspruchsvoraussetzungen zusammengefasst:

1.1 Behinderung ...
Es muss sich tatsächlich um eine Behinderung handeln.

1.2 ... stammt aus dem Risikobereich des Auftraggebers
Diese muss aus dem Risikobereich des Auftraggebers stammen.

Anspruchsvoraussetzung 1.1: Behinderung
Es muss sich tatsächlich um eine Behinderung handeln.

Dies ist an sich logisch, in der Praxis zeigt sich jedoch, dass nicht jede „gefühlte" Behinderung tatsächlich eine Behinderung ist.

Hier ist nachzuweisen, dass bzw. inwieweit sich das vermeintlich hindernde Ereignis tatsächlich behindernd auf den Bauablauf ausgewirkt hat.

Laut *Drittler*[3] muss sich die vermeintliche Behinderung tatsächlich behindernd ausgewirkt haben, d. h. sie muss wirklich eine Behinderung sein:

> Keineswegs jede Änderung der Bauzeit und des Bauablaufs berechtigt den Auftragnehmer, mehr Zeit zu beanspruchen. ... Den Forderungen der Praxis aus gestörten Abläufen fehlt es allzu häufig an geeigneten Feststellungen, welche die Ursachen und ihre Folgen in Beziehungen zueinander bringen. ... Oder es gelingt dem Anspruchsteller nicht, eine Pflichtverletzung oder den Gläubigerverzug ... mit bauzeitlicher Wirkung (zunächst bloße Ereignisse) in die notwendige kausale Beziehung zum Bauablauf zu stellen, so dass deutlich wird: **Das Ereignis hat den Bauablauf behindert und wurde so zum Behinderungsereignis** (anspruchsbegründende Kausalität).
> [Hervorhebung durch die Verfasserin]

---

[2] VOB Teil B, § 6.
[3] Drittler (2010), Rdnr. 700.

Er fasst zusammen[4]:

Ein Behinderungsereignis muss nachweislich eine konkrete Wirkung im Bauablauf oder auf die Produktivität entfaltet haben. Diese Wirkungen müssen in ursächlicher Beziehung zum Behinderungsereignis stehen.

Sie als Auftragnehmer müssen somit nachweisen, dass bzw. inwieweit sich die eingetretene Störung im Bauablauf tatsächlich behindernd ausgewirkt hat.

Anspruchsvoraussetzung 1.2: Risikobereich des Auftraggebers
Behinderung stammt aus dem Risikobereich des Auftraggebers

Der Risikobereich des Auftraggebers ist im *Handbuch Bauzeit*[5] wie folgt beschrieben:

... kommt es nun allein darauf an, ob das störende Ereignis, d. h. die hindernden Umstände, aus dem Einfluss- und Risikobereich des Auftraggebers oder dem Einfluss- und Risikobereich des Auftragnehmers stammen. Dabei kann weitestgehend auf die Risikoverteilung abgestellt werden, wie sie in §§ 3, 4 VOB/B, konkreten anderen Bestimmungen in der VOB (Teile A und B), dem zwischen den Parteien abgeschlossenen Bauvertrag, aber auch in DIN-Normen zum Ausdruck kommt.

Kapellmann/Schiffers[6] beschäftigen sich näher damit, was mit „Risikobereich des Auftraggebers" gemeint ist:

Was zum **Risikobereich** des Auftraggebers gehört, ist in der VOB/B nicht definiert.

Zum selbstverständlichen Risikobereich des Auftraggebers gehört es vorab, dass er seine Vertragspflichten, seien es Hauptpflichten, seien es Nebenpflichten, erfüllt. ... hier nur eine Zusammenfassung: Vertragliche **Hauptpflicht** sind die Abnahme und die vertragsgemäße Zahlung, auch von Abschlagsrechnungen. Wenn also der Auftragnehmer die Arbeiten ... einstellt, weil der Auftraggeber Abschlagsrechnungen nicht bezahlt, so ist die daraus resultierende Verzögerung ein „Umstand aus dem Risikobereich" des Auftraggebers ... Zum Risikobereich und darüber hinaus zu den vertraglichen **Nebenpflichten** des Auftraggebers gehören, wenn nichts anderes wirksam vertraglich vereinbart ist, alle Mitwirkungshandlungen, insbesondere:

- die richtige Planung; ...
- die richtige Leistungsbeschreibung
- die Bereitstellung des Grundstücks ...
- die Zugänglichkeit der Baustelle
- ...

Prüfen Sie daher kritisch, ob die eingetretene Behinderung tatsächlich aus dem Risikobereich Ihres Auftraggebers stammt.

[4] Drittler (2010), Rdnr. 703.
[5] Handbuch Bauzeit (2013), Rdnr. 502.
[6] Kapellmann und Schiffers (2011), Rdnr. 1250.

Anspruchsvoraussetzung 2: Behinderungsanzeige oder Offenkundigkeit

Die Funktion einer Behinderungsanzeige wird im *Handbuch Bauzeit* wie folgt definiert[7]:

> Die Behinderungsanzeige erfüllt Informations-, Schutz- und Warnfunktionen. Der Auftraggeber soll in der Lage sein, die in seinem Verantwortungsbereich gelegenen Hindernisse zu beseitigen und notwendige Koordinationsmaßnahmen ... zu treffen. Gleichzeitig soll die Behinderungsanzeige den Auftraggeber auch vor unberechtigten Behinderungsansprüchen schützen, indem er beispielsweise Beweise für eine in Wahrheit nicht bestehende Behinderung sichert. ...

Dies entspricht auch dem Wortlaut des § 6 VOB/B[8]:

1) Glaubt sich der Auftragnehmer in der ordnungsgemäßen Ausführung der Leistung behindert, so hat er es dem Auftraggeber unverzüglich **schriftlich anzuzeigen**. Unterlässt er die Anzeige, so hat er nur dann Anspruch auf Berücksichtigung der hindernden Umstände, wenn dem Auftraggeber **offenkundig** die Tatsache und deren hindernde Wirkung bekannt waren.
[Hervorhebung durch die Verfasserin]

Hierbei sollte die Offenkundigkeit einer Behinderung aber immer nur Ihr „Plan B" sein. Sobald eine Behinderung für Sie absehbar wird und Sie auch nur glauben, dass Sie behindert sein könnten, zeigen Sie die Behinderung schriftlich an.

Übrigens ist hiermit nicht der Versand eines VOB-Musterschreibens an Ihren Auftraggeber gemeint, das die fette Überschrift **Behinderung nach § 6 VOB/B** trägt. Man kann eine Behinderung auch „nett" anzeigen.

Sehr geehrte Damen und Herren,
lieber Auftraggeber,
wir bitten um Verständnis Ihnen anzeigen zu müssen, dass wir aufgrund von xxx die für heute vorgesehene Leistung xxx nicht ausführen können. Hierdurch wird sich naturgemäß der Fertigstellungstermin entsprechend nach hinten verschieben.
Wir bitten freundlichst um Ihre Einflussnahme, den hindernden Tatbestand xxx zu beseitigen, damit wir schnellstmöglich die Arbeiten in diesem Bereich wieder aufnehmen können.
Vielen Dank für Ihre entsprechende Unterstützung.
Mit freundlichen Grüßen

In einem BGH-Urteil aus 1999 sind die Anforderungen an eine Behinderungsanzeige entsprechend beschrieben[9]:

[7] Handbuch Bauzeit (2013), Rdnr. 515.
[8] VOB Teil B, § 6 Abs. 1.
[9] IBR 2000, 218: RA Steffen Kraus; BGH-Urteil vom 21.10.1999.

Behinderungsanzeige: Welche Anforderungen sind an sie zu stellen und wann ist sie entbehrlich?

1. Der AN hat in der Behinderungsanzeige anzugeben, ob und wann seine Arbeiten, die nach dem Bauablauf nunmehr ausgeführt werden müssten, nicht oder nicht wie vorgesehen ausgeführt werden können.
2. Die Behinderungsanzeige dient der Information des AG über die Störung. Er soll gewarnt und es soll ihm die Möglichkeit gegeben werden, die Behinderung abzustellen.

Das Urteil wird von *Kraus*[10] erläutert:

Entscheidung

... Diese Anzeige diene dem Schutz des AG, nämlich dessen Information über die Störung (dazu siehe Leitsatz 2). Eine rechtzeitige und korrekte Behinderungsanzeige erlaube ihm auch, Beweise für eine in Wahrheit nicht oder nicht im geltend gemachten Umfang bestehende Behinderung zu sichern. Nur wenn die Informations-, Warn- und Schutzfunktion im Einzelfall keine Anzeige erfordere, sei diese wegen Offenkundigkeit entbehrlich.

Praxishinweis

... Wichtig: Die schlichte Anzeige ohne weitere Angaben (wie dies auf deutschen Baustellen gerne praktiziert wird, soweit solche Anzeigen überhaupt geschrieben werden) reicht nicht aus, sondern es muss konkret angegeben werden, ob und wann die anstehenden Arbeiten nicht oder nicht wie vorgesehen ausgeführt werden können. ...

Dies ist sehr wichtig: Beschreiben Sie in Ihrer Behinderungsanzeige so konkret wie möglich,

- warum (Darlegung aller Tatsachen, aus denen sich Gründe der Behinderung für den Auftraggeber mit ausreichender Klarheit ergeben),
- wann (unverzügliche schriftliche Anmeldung der Behinderung, nicht zukunftsgerichtet und nicht nachträglich),
- welche Arbeiten (detaillierte Beschreibung; ggf. genaue räumliche Zuordnung),

nicht wie vorgesehen ausgeführt werden können und

- welche Folgen (betroffene Ressourcen, Verschiebung von Nachfolgegewerken, Bauzeitverlängerung, Mehrkosten, ...).

daraus entstehen.

Das OLG Hamm ist 2013 erneut darauf eingegangen, wie eine Behinderungsanzeige zu erfolgen hat[11]:

---

[10] IBR 2000, 218: RA Steffen Kraus; BGH-Urteil vom 21.10.1999.

[11] IBR 2013, 670: RA und FA für Bau- und Architektenrecht Dr. Achim Olrik Vogel, OLG Hamm, Urteil vom 30.07.2013.

Wie hat eine ordnungsgemäße Behinderungsanzeige auszusehen?

1. Eine Behinderungsanzeige muss unverzüglich und in schriftlicher Form erfolgen. Durch die Mitteilung der hindernden Umstände soll der Auftraggeber gewarnt werden. Es soll ihm ermöglicht werden, die Ursachen für die Störung zu klären, Beweise zu sichern und die Behinderung gegebenenfalls zu beseitigen.
2. Aus der Behinderungsanzeige müssen sich die Gründe für die Behinderung ergeben. Die Anzeige muss Aufschluss darüber geben, ob und wann die Arbeiten, die nach dem Bauablauf nunmehr ausgeführt werden müssen, nicht oder nicht wie vorgesehen ausgeführt werden können.

Ob die Behinderungsanzeige immer schriftlich erfolgen muss, wie vom OLG Hamm gefordert, wird hier von *Vogel* in Frage gestellt:

> … Ob die Einhaltung der Schriftform wirklich zwingend ist, ist höchstrichterlich nicht geklärt. Die fehlende Schriftform hat jedenfalls zur Folge, dass dem Auftragnehmer ein Mitverschulden zur Last fallen kann. …

Eine nicht schriftlich erfolgte Behinderungsanzeige ist jedoch mit absoluter Vorsicht zu genießen. Denn eine schriftliche Behinderungsanzeige liefert im Nachhinein sowohl den Nachweis, dass Sie die Behinderung tatsächlich angezeigt und Ihren Auftraggeber entsprechend informiert haben, anhand der Behinderungsanzeige lässt sich aber auch der Zeitpunkt des Behinderungseintrittes belegen.

Der tatsächlich eingetretene Ist-Bauablauf und dessen spätere Rekonstruktion und Darstellung sind die Basis für die Darlegung Ihres Anspruches auf Bauzeitverlängerung. Dies wird nachfolgend in Kap. 4 „Grundlagen zur Darstellung Ihres Anspruches“ noch genauer erläutert. Zum Ist-Bauablauf gehören auch die Ist-Termine, wann z. B. eine Behinderung eingetreten ist.

Der Zeitpunkt eines Behinderungseintritts lässt sich oftmals aus z. B. den Bautagesberichten, regelmäßig erstellten und dem Auftraggeber übermittelten Fotodokumentationen der Baustelle o. ä. rekonstruieren oder mit diesen belegen.

Der von der Rechtsprechung geforderte Hinweis an den Auftraggeber, welche Folgen die eingetretene Behinderung voraussichtlich haben wird, kann jedoch nur in einem entsprechenden Schreiben an den Auftraggeber erfolgen.

Anspruchsvoraussetzung 3:
Kausalität: Die Behinderung muss ursächlich für die Bauzeitverlängerung sein.

Im *Handbuch Bauzeit* wird anschaulich die Problematik der „Kausalität“ beschrieben, dass nämlich die eingetretene Behinderung auch wirklich eine Auswirkung auf die Bauzeit (genauer gesagt: Auf die Gesamtbauzeit und somit auf den Gesamtfertigstellungstermin) haben muss[12]:

---

[12] Handbuch Bauzeit (2013), Rdnr. 512.

> Liegen hindernde Umstände und damit ein störendes Ereignis vor, das grundsätzlich zu einer Verlängerung der Vertragsfristen zugunsten des Auftragnehmers führt, ist es ferner notwendig, dass dieses Ereignis sich auch **in Form einer tatsächlichen Behinderung** auswirkt, was nicht notwendigerweise der Fall ist.
>
> ... ist nichts anderes als der Nachweis der **Kausalität** (Ursachenzusammenhang). Das baubetriebliche Pendant zur Kausalität ist die Frage, ob die Störung bzw. die hindernde Ursache auf dem **kritischen Weg** lag.
>
> In der Praxis wird oft leichtfertig von der Dauer des störenden Ereignisses bzw. der hindernden Umstände auf die Dauer der Behinderung geschlossen. Tatsächlich müssen die entsprechenden Störungen keineswegs überhaupt zu einer Behinderung oder zu Behinderungen gleicher Dauer führen. ...

Die Behinderung muss sich bauzeitverlängernd ausgewirkt haben, dadurch dass sie auf dem kritischen Weg liegt, wie auch von *Drittler* beschrieben[13]:

> Um ... Ansprüche aus einer Behinderung ... auszulösen, muss es die Behinderung nicht nur tatsächlich gegeben haben (Behinderungsereignis). Die Behinderung muss auch Folgen gehabt haben (Behinderungsfolgen). Das Behinderungsereignis hat der Auftragnehmer im Rahmen des Nachweises der anspruchsbegründenden Kausalität zu beweisen. ... Schließlich kann sich auch die Bauzeit verlängern, wenn und soweit ein Behinderungsereignis auf dem kritischen Weg des Bauablaufs wirkt.

Für alle Störungssachverhalte (Behinderung, Mengenänderung, zusätzlich erforderliche Leistung, geänderte Leistung), die einen Anspruch auf Bauzeitverlängerung auslösen können, bildet der Nachweis der „Kausalität" eine Anspruchsvoraussetzung, die Sie als Auftragnehmer erfüllen müssen.

Die eingetretene Störung muss jeweils die Bauzeit tatsächlich verlängert haben.

Das Thema „Kausalität" wird daher nachfolgend in Abschn. 3.4 „Kausalität: Die Bauablaufstörung muss die Bauzeit tatsächlich verlängert haben" nochmals erläutert.

In Abschn. 6.3 „Nachweis, dass die beschriebenen Störungssachverhalte kausal zu einer Veränderung der Bauzeit geführt haben" ist beschrieben, wie Sie beim Nachweis der Kausalität konkret vorgehen.

3.2 Anspruchsvoraussetzungen bei Mengenänderungen, geänderten und zusätzlich erforderlichen Leistungen

In Hinblick auf die zu erfüllenden Anspruchsvoraussetzungen muss gemäß der hierzu ausgewerteten Literatur und Rechtsprechung nicht zwischen (nicht angeordneten, sich „zufällig" ergebenden) Mengenänderungen, zusätzlich erforderlichen Leistungen und geänderten Leistungen unterschieden werden.

Zusammenfassend ist zu sagen, dass eine Anspruchsvoraussetzung für die Bauzeitverlängerung ist, dass es sich um angeordnete und/oder nicht angeordnete Mengenän-

[13] Drittler (2010), Rdnr. 702–703.

derungen (also eine „zufällige" Mengenänderung, zusätzlich erforderliche Leistung oder geänderte Leistung) handelt, die zu einer Störung des Bauablaufes im Sinne der im § 6 VOB/B beschriebenen „Behinderung" geführt haben.

Analog zu den zuvor in Abschn. 3.1 „Anspruchsvoraussetzungen bei Behinderungen" genannten Anspruchsvoraussetzungen bei einer klassischen Behinderung sind auch hier jeweils drei Anspruchsvoraussetzungen zu erfüllen. Deren Erfüllung ist durch Sie als Auftragnehmer nachzuweisen:

1. Eine angeordnete Mengenänderung (geänderte Leistung; zusätzlich erforderliche Leistung) und/oder nicht angeordnete (zufällige) Mengenänderung muss sich im Sinne einer Behinderung nach § 6 VOB/B im Bauablauf ausgewirkt haben.
2. Vorliegen einer Behinderungsanzeige oder Offenkundigkeit.
3. Die Mengenänderung, geänderte oder zusätzlich erforderliche Leistung muss ursächlich für die Bauzeitverlängerung sein.

Die zu erfüllenden drei Anspruchsvoraussetzungen werden im Folgenden erläutert:

Anspruchsvoraussetzung 1:
Eine angeordnete Mengenänderung (geänderte Leistung, zusätzlich erforderliche Leistung) und/oder nicht angeordnete (zufällige) Mengenänderung muss sich im Sinne einer Behinderung nach § 6 VOB/B im Bauablauf ausgewirkt haben.

Diese Anspruchsvoraussetzung ist analog zur Anspruchsvoraussetzung 1 für den Bauzeitverlängerungsanspruch des Auftragnehmers bei einer Behinderung zu sehen. Hier wurde festgestellt:

Anspruchsvoraussetzung 1:
Behinderung stammt aus dem Risikobereich des Auftraggebers

Diese bei einer Behinderung zu erfüllende Anspruchsvoraussetzung wurde in zwei Teile unterteilt:

1.1 Behinderung …
Es muss sich tatsächlich um eine Behinderung handeln.
1.2 … stammt aus dem Risikobereich des Auftraggebers
Diese muss aus dem Risikobereich des Auftraggebers stammen.

Aus der Analogie zur Behinderung ergeben sich für geänderte Leistungen, zusätzlich erforderliche Leistungen und (zufällige) Mengenänderungen ebenfalls gleich zwei Anspruchsvoraussetzungen:

1.1 Die angeordnete Mengenänderungen (geänderte Leistungen, zusätzlich erforderliche Leistungen) und/oder nicht angeordnete (zufällige) Mengenänderungen muss zu einer „Behinderung" im Bauablauf geführt haben.

1.2 ... stammt aus dem Risikobereich des Auftraggebers

Anspruchsvoraussetzung 1.1: Behinderung
Die angeordnete Mengenänderungen (geänderte Leistungen, zusätzlich erforderliche Leistungen) und/oder nicht angeordnete (zufällige) Mengenänderungen muss zu einer „Behinderung" im Bauablauf geführt haben.

Die Ausführung einer Mehrmenge oder Nachtragsleistung (geänderte Leistung, zusätzlich erforderliche Leistung) muss überhaupt erst zu einer Behinderung im Bauablauf geführt haben.

Dies muss insbesondere bei relativ geringen Mengenerhöhungen oder geänderten Leistungen, die eine vertragliche Bezugsleistung ersetzen, nicht unbedingt der Fall sein. In der Praxis ergeben sich häufig Fälle, bei denen Mehrmengen oder Nachtragsleistungen auch größeren Umfanges ausgeführt werden, die jedoch keinerlei behindernde Wirkung haben, da sie nicht auf dem kritischen Weg liegen und parallel zur sonstigen Bauausführung ggf. sogar durch Nachunternehmer, ausgeführt werden.

Hier ist die Aussage *Drittlers*[14] zu der Auswirkung von Behinderungen zu wiederholen und auf angeordnete Mengenänderungen (geänderte Leistungen; zusätzlich erforderliche Leistungen) und nicht angeordnete (zufällige) Mengenänderungen analog anzuwenden:

> Ein Behinderungsereignis muss nachweislich eine konkrete Wirkung im Bauablauf oder auf die Produktivität entfaltet haben. Diese Wirkungen müssen in ursächlicher Beziehung zum Behinderungsereignis stehen.

Dies bedeutet, dass Sie als Auftragnehmer nachweisen müssen, dass bzw. inwieweit sich die Ausführung einer Mehrmenge oder Nachtragsleistung tatsächlich behindernd ausgewirkt hat.

Anspruchsvoraussetzung 1.2: Risikobereich des Auftraggebers
Die angeordnete Mengenänderung (geänderte Leistung, zusätzlich erforderliche Leistungen) und/oder nicht angeordnete (zufällige) Mengenänderung muss aus dem Risikobereich des Auftraggebers stammen.

Dies ist bei geänderten Leistungen und zusätzlich erforderlichen Leistungen sowie zufälligen Mengenänderungen immer der Fall.

Kapellmann/Schiffers[15] bestätigen dies bezüglich der Zuordnung zum Risikobereich des Auftraggebers:

[14] Drittler (2010), Rdnr. 703.
[15] Kapellmann/Schiffers (2011), Rdnr. 1250.

Zum Risikobereich und darüber hinaus zu den vertraglichen Nebenpflichten des Auftraggebers gehören, wenn nichts anderes wirksam vertraglich vereinbart ist, alle Mitwirkungshandlungen, insbesondere:

- ...
- die **Übernahme der Auswirkungen von Mengenüberschreitungen** entsprechend § 2 Abs. 3 VOB/B jedenfalls dann, wenn die 10 %-Marge überschritten wird,
- die **Übernahme der Auswirkungen von geänderten und zusätzlichen Leistungen** (§ 2 Abs. 5, 6, 7 Nr. 1 Satz 4, 8, 9 VOB/B)
- ...

[Hervorhebung durch die Verfasserin]

Anspruchsvoraussetzung 2:
Behinderungsanzeige oder Offenkundigkeit

Laut *Kapellmann/Schiffers*[16] muss insbesondere bei Änderungen und Ergänzungen des Bauinhaltes, also geänderten oder zusätzlich erforderlichen Leistungen, eine Behinderungsanzeige oder Offenkundigkeit vorliegen.

Auftraggeberseitige Änderungen und Ergänzungen des Bauinhaltes führen keineswegs selbstverständlich zu einer Verlängerung der Bauzeit.

Anders ausgedrückt:

Eine aus geänderten oder zusätzlichen Leistungen resultierende zeitliche Behinderung beurteilt sich nach § 6 Abs. 1, 2a VOB/B, d. h. **der Auftragnehmer muss die Behinderung gemäß § 6 Abs. 1 VOB/B anzeigen**, um die fristverlängernde Wirkung zu erreichen, **oder die „Behinderung" durch die Bauinhaltsmodifikation muss einschließlich ihrer fristverlängernden Auswirkung offenkundig sein**, was selten der Fall sein wird. Wenn diese Bedingungen erfüllt sind, ergibt sich die Fristverlängerung „automatisch".
[Hervorhebung durch die Verfasserin]

Von *Drittler*[17] wird ebenfalls auf die Notwendigkeit einer Behinderungsanzeige bei zusätzlich erforderlichen und geänderten Leistungen sowie Mengenmehrungen hingewiesen:

In der Dokumentationspraxis wird leicht übersehen, dass sich zusätzliche und geänderte Leistungen sowie Mengenmehrungen hindernd auf den Bauablauf auswirken können. Die Behinderung wird dann nicht angezeigt. Ggf. hat der Auftragnehmer keinen Anspruch auf Berücksichtigung der Zeit- und Kostenfolgen, wenn er keine überzeugenden Anhaltspunkte zur Offenkundigkeit vortragen kann. Es empfiehlt sich, in der schriftlichen Ankündigung des Anspruchs auf zusätzliche Vergütung, standardmäßig den Hinweis ... [auf die behindernde Wirkung und Auswirkung auf die Bauzeit] aufzunehmen.
[Ergänzung durch die Verfasserin]

Daher sollten Sie als Auftragnehmer bei jeder Ankündigung einer Mengenänderung oder Nachtragsleistung darauf hinweisen, dass die Ausführung dieser Leistung neben den

---

[16] Kapellmann/Schiffers (2011), Rdnr. 1225.
[17] Drittler (2010), Rdnr. 678.

angekündigten Mehrkosten für die Leistung selbst auch noch eine Bauzeitverlängerung sowie weitere Mehrkosten aufgrund der Verlängerung der Bauzeit zur Folge haben kann.

Bolz[18] kommt zwar insgesamt zu dem anderslautenden Ergebnis, dass geänderte oder zusätzlich erforderliche Leistungen keine Behinderungen nach § 6 VOB/B seien, dennoch sollte auch nach seiner Auffassung der Auftragnehmer bei der Ausführung von Mehrmengen und geänderten oder zusätzlich erforderlichen Leistungen Behinderung anmelden:

> Änderungs- und Zusatzleistungen sind keine Behinderungen!
> 1. Die Anordnung zur Durchführung von geänderten oder zusätzlichen Leistungen fällt nicht unter § 6 VOB/B. Die Bewertung der zeitlichen Auswirkungen solcher Leistungen richtet sich deshalb nicht nach § 6 Abs. 4 VOB/B.
> ... Geänderte und zusätzliche Leistungen sind keine Behinderungen im Sinne des § 6 VOB/B. Denn der AG ist gemäß § 1 Abs. 3, 4 VOB/B zur Anordnung solcher Leistungen berechtigt. Rechtsfolge ist ein Mehrvergütungsanspruch des AN aus § 2 Abs. 5, 6 VOB/B. ... Demgegenüber ist in § 6 Abs. 6 VOB/B ein Schadensersatzanspruch des AN im Fall einer Behinderung geregelt. ... Folglich müsste bei Änderungs- oder Zusatzleistungen in Bezug auf damit zusammenhängende Bauzeitansprüche nicht § 2 Abs. 5, 6 VOB/B zur Anwendung kommen, sondern § 6 Abs. 6 VOB/B. Das ist ebenfalls systemwidrig. Das aufgeworfene Problem ist deshalb über eine ergänzende Vertragsauslegung zu lösen. Dabei ist für den kalkulierten Ausführungszeitraum ein „Zeitniveaufaktor" zu errechnen und die Bauzeit auf dieser Grundlage – so wie das auch für die Preise gilt – fortzuschreiben. ...
> Da der BGH zu dieser Frage bislang nicht Stellung genommen hat, **sollten Auftragnehmer in der Praxis bei Mengenmehrungen sowie Änderungs- und Zusatzleistungen stets Behinderung anmelden. Andernfalls darf der Auftraggeber davon ausgehen, dass Nachtragsleistungen innerhalb der vertraglichen Fristen ausgeführt werden.**
> [Hervorhebung durch die Verfasserin]

Die Erforderlichkeit einer Behinderungsanzeige bedeutet für Sie als Auftragnehmer: Sobald Sie erkennen, dass sich die vertraglich vereinbarte Menge einer Position erheblich erhöhen und sich die Ausführung der erhöhten Menge zeitlich auf den Bauablauf auswirken wird, müssten Sie formal eine Behinderung anmelden. Kündigen Sie also die Mehrkosten aus der erhöhten Menge, aber auch die Auswirkungen der Mengenerhöhung auf die Bauzeit und die aus der Bauzeitverlängerung resultierenden Kosten Ihrem Auftraggeber an.

Gleiches gilt, wie bereits zuvor erläutert, für Nachtragsangebote. Ordnet Ihr Auftraggeber die Ausführung einer geänderten oder zusätzlich erforderlichen Leistung an, teilen Sie ihm daraufhin nicht nur die Mehrkosten für die Ausführung dieser Leistung in Ihrem Nachtragsangebot mit, sondern informieren Sie ihn auch, dass es durch die Ausführung der Leistung zu einer Verlängerung der Bauzeit und damit auch zu weiteren Mehrkosten aufgrund der Bauzeitverlängerung kommen kann.

Wie ebenfalls bereits erwähnt wurde, muss dieser im Nachtragsangebot erklärte Vorbehalt bezüglich der Bauzeitverlängerung und der über den angebotenen Nachtragspreis

[18] IBR 2014, 4: RA Stephan Bolz „Zeitschriftenschau – Änderungs- und Zusatzleistungen sind keine Behinderungen!".

hinausgehenden zusätzlichen Kosten (zeitliche Kosten aus Bauzeitverlängerung) in der Nachtragsvereinbarung gegenüber Ihrem Auftraggeber wiederholt werden. Details hierzu finden Sie in Abschn. 3.5 „Vorbehalt in Nachtragsangeboten und bei Nachtragsverhandlungen".

Anspruchsvoraussetzung 3:
Kausalität: Die Mengenänderung, geänderte oder zusätzlich erforderliche Leistung muss ursächlich für die Bauzeitverlängerung sein.

Wie bereits im Zusammenhang mit dem Kausalitätsnachweis für eine behinderungsbedingte Bauzeitverlängerung beschrieben ist, muss auch die Ausführung von Mehrmengen (oder Mindermengen), geänderten und zusätzlich erforderliche Leistungen tatsächlich eine Auswirkung auf die Gesamtbauzeit haben, um einen Anspruch auf Bauzeitverlängerung auszulösen.

Zur Verdeutlichung wird die Aussage aus dem *Handbuch Bauzeit*[19] hier nochmals wiedergegeben:

> Liegen hindernde Umstände und damit ein störendes Ereignis vor, das grundsätzlich zu einer Verlängerung der Vertragsfristen zugunsten des Auftragnehmers führt, ist es ferner notwendig, dass dieses Ereignis sich auch **in Form einer tatsächlichen Behinderung** auswirkt, was nicht notwendigerweise der Fall ist.
>
> … ist nichts anderes als der Nachweis der **Kausalität** (Ursachenzusammenhang). Das baubetriebliche Pendant zur Kausalität ist die Frage, ob die Störung bzw. die hindernde Ursache auf dem **kritischen Weg** lag.
>
> In der Praxis wird oft leichtfertig von der Dauer des störenden Ereignisses bzw. der hindernden Umstände auf die Dauer der Behinderung geschlossen. Tatsächlich müssen die entsprechenden Störungen keineswegs überhaupt zu einer Behinderung oder zu Behinderungen gleicher Dauer führen. …

Die Mengenänderung, geänderte oder zusätzlich erforderliche Leistung muss also tatsächlich eine Auswirkung auf den Gesamtfertigstellungstermin gehabt haben und zu einer Verlängerung der Bauzeit geführt haben.

Dies geht auch einem Urteil des OLG Koblenz aus 2011 hervor[20]:

> … Der Anspruch des AN auf Ausgleich nicht gedeckter Gemeinkosten als Folge der Bauzeitverlängerung wird in beiden Instanzen mit folgender Begründung abgelehnt: Es fehlt **tatsächlicher Vortrag dazu, wie sich die Massenmehrung vor Ort auf der Baustelle auswirkte und um wie viel länger und mit welchen Folgen die Baustelle aufrechterhalten werden musste.** Aus dem bloßen Umstand, dass sich der Zeitaufwand für die Aushubarbeiten deutlich vergrößert hatte, lässt sich nicht ersehen, dass der ursprünglich kalkulierte Gemeinkostenanteil für die Mehrmassen nicht mehr zulänglich gewesen sein könnte.
> [Hervorhebung durch die Verfasserin]

[19] Handbuch Bauzeit (2013), Rdnr. 512.
[20] IBR 2012, 315: RA Dr. Stefan Althaus, OLG Koblenz, Urteil vom 15.12.2011.

Genau wie sich nicht jede Behinderung im Bauablauf wirklich auf den Gesamtfertigstellungstermin auswirkt, hat auch nicht jede Ausführung einer Mehrmenge oder Nachtragsleistung tatsächlich Auswirkungen auf den Fertigstellungstermin. Nur wenn die Ausführung dieser Leistung auf dem „kritischen Weg" liegt und sich somit tatsächlich bauzeitlich auswirkt, kann ein Anspruch auf Bauzeitverlängerung gegeben sein.

3.3 Leistungsbereitschaft und Leistungsfähigkeit des Auftragnehmers

Leistungsbereitschaft des Auftragnehmers:
Neben den oben beschriebenen, gemäß der jeweils zugrunde liegenden Anspruchsgrundlage zu erfüllenden Voraussetzungen, müssen Sie als Auftragnehmer noch die Erfüllung einer weiteren Anforderungen nachweisen: Ihre eigene Leistungsbereitschaft zum Zeitpunkt der Behinderung.

Nachfolgend wird erläutert, was es mit dem „Nachweis der eigenen Leistungsbereitschaft" auf sich hat.

Will der Auftragnehmer eine „Behinderung" (auch Mengenänderung/Mehrmenge, geänderte oder zusätzlich erforderliche Leistung) bauzeitverlängernd geltend machen, muss er zum Zeitpunkt des Behinderungseintritts selbst leistungsbereit sein, siehe *Kapellmann/Schiffers*[21]:

> Dass die eigene Leistungsbereitschaft des Auftragnehmers Voraussetzung ist, um sich überhaupt auf Behinderung durch den Auftraggeber berufen zu können, ist zutreffende allgemeine Auffassung.

Treten zwei Ursachen zeitlich parallel auf, die zu der Bauzeitverzögerung führen, nämlich ein Einfluss aus dem Risikobereich des Auftraggebers und ein zeitlich paralleler Einfluss aus dem Risikobereich des Auftragnehmers, handelt es sich nach *Kapellmann/Schiffers* um eine so genannte „Doppelkausalität"[22]:

> ... **„Doppelkausalität"**, also zwei Ursachen, die **selbständig und unabhängig voneinander** jeweils ... zu demselben Ergebnis führen, so dass nicht zu beantworten ist, welche der beiden Ursachen das Ergebnis verursacht hat.

Kapellmann/Schiffers kommen zu dem Ergebnis, dass der Auftragnehmer für den Zeitraum der auftraggeberseitigen Behinderung, in dem er selbst nicht leistungsfähig war, keinen „*Behinderungsschadensersatz verlangen kann (und auch nicht ‚Entschädigung' gemäß § 642 BGB).*"

[21] Kapellmann/Schiffers (2011), Rdnr. 1357.
[22] Kapellmann/Schiffers (2011), Rdnr. 1357.

Eine Fristverlängerung steht ihm allerdings zu[23]:

Die **Fristverlängerung** für den Auftragnehmer richtet sich ungekürzt nach dem vom Auftraggeber verursachten Störungszeitraum.

Berger[24] bestätigt dies nur teilweise:

Trifft nämlich eine dem Auftragnehmer zurechenbare Behinderung zeitgleich mit einem Behinderungstatbestand zusammen, den der Auftraggeber nach § 6 Abs. 2 Nr. 1 VOB/B ... ausfüllt, **verlängert sich die Ausführungsfrist.** Die ursprüngliche vertraglich vereinbarte Ausführungsfrist verliert ihre Gültigkeit. Damit muss ein noch an der vormaligen Vertragsfrist gemessener Behinderungstatbestand des Auftragnehmers rechtlich unerheblich werden. Diese Behinderung gewinnt nur unter der Voraussetzung einen Stellenwert, dass deshalb auch die neu nach § 6 Abs. 4 VOB/B bestimmte Frist nicht eingehalten werden kann. Dies geht jedoch allein zu Lasten des Auftragnehmers, der die in seiner Sphäre liegende Behinderung zum Anlass für eine verstärkte Baustellenförderung ... nehmen muss. ... **Die neue Frist ist ausschließlich nach dem Behinderungstatbestand des Auftraggebers zu bestimmen. Besteht zu diesem Zeitpunkt behinderungsbedingt auf Seiten des Auftragnehmers zurechenbar keine Leistungsbereitschaft, geht die dadurch verursachte Verzögerung zu seinen Lasten.**
[Hervorhebung durch die Verfasserin]

Roquette/Viering/Leupertz unterscheiden im *Handbuch Bauzeit* in Hinblick auf den Bauzeitverlängerungsanspruch des Auftragnehmers nach konkurrierender und kumulativer Kausalität der auftraggeber- und auftragnehmerseitigen Behinderungsursachen[25]:

Bei der konkurrierenden Kausalität, d. h. den Fällen, in denen es **parallele, aber unabhängige Verursachungsbeiträge** aus der Sphäre des Auftraggebers und des Auftragnehmers gibt, die jeder für sich zu einer Behinderung führen, kommt es **nicht** zu einer **Quotelung der Verantwortung** ...

Anders ist dies im Fall der kumulativen Kausalität, wenn also **mehrere Ereignisse zusammenwirken und nur in diesem Zusammenwirken zu einer Behinderung führen**. Bei dieser Konstellation besteht also keine Behinderung, wenn nur eines der beiden Ereignisse vorliegt. Hier ist die durch die beiden Ereignisse aus des Sphäre des Auftraggebers und des Auftragnehmers **eingetretene Behinderung** ... **zu quoteln**, wobei die Festlegung des jeweiligen Verursachungsbeitrags auch geschätzt werden darf, da das „Ursachenknäuel" oft nur schwer zu entwirren ist.

Drittler[26] stellt die in der Literatur beschriebenen Lösungen zu Recht in Frage:

Der Auftragnehmer habe den (baubetrieblich nachzuweisenden) Anspruch auf Bauzeitverlängerung trotz fehlender Leistungsbereitschaft. ... Diese Lösung dürfte im ersten Teil (zeit-

[23] Kapellmann/Schiffers (2011), Rdnr. 1358.
[24] Beck'scher VOB-Kommentar (2013), VOB Teil B, § 6 Abs. 4, Rdnr. 1.
[25] Handbuch Bauzeit (2013), Rdnr. 650 und 652.
[26] Drittler (2010), Rdnr. 802 ff.

liches Risiko) **nicht belastbar** sein. Abgesehen davon, dass die Rechtsfolge „Zeitverlängerung“ ... eher in § 6 Abs. 2 Nr. 2 ... zu finden sein dürfte: Fälle der hier gegebenen **Doppelkausalität** lassen sich mit der VOB/B überhaupt nicht bewältigen. ...

Beide Ereignisse sind kausal. Sie sind es nicht zusammen wie im Fall der kumulativen Kausalität, wo beide Ereignisse nur gemeinsam den Erfolg bewirken. Nein, in doppelkausalen Zusammenhängen bewirkt jedes Ereignis für sich, unabhängig vom jeweils anderen, die Summe der Folgen. Das spricht für eine **kreuzweise Zuordnung** der monetären Behinderungsfolgen. Die Zeitfolgen können ebenso aufgeteilt werden.

Entscheidend ist auch laut *Drittler* die Leistungsbereitschaft des Auftragnehmers:

Voraussetzung ist allerdings, dass keine fehlende Leistungsbereitschaft beim Auftragnehmer festgestellt wird. Wenn der Auftragnehmer zur Zeit des Behinderungsbeginns selbst nicht zu leisten in der Lage ist, haftet der Auftraggeber während der Zeit des Fehlens der Leistungsbereitschaft nicht, auch nicht anteilig.

Berger[27] bestätigt dies:

Treffen Verursachungsgründe, die ... eine Ausführungsfristverlängerung begründen, mit solchen, bei denen der Auftragnehmer das Zeitrisiko trägt, zusammen, hält § 6 Abs. 2 Nr. 1 VOB/B die Lösung **durch die Einschränkung „soweit“** bereit.

Eine Verlängerung kommt demnach nur in dem Umfang in Betracht, als der Auftraggeber das Zeitrisiko trägt und die Behinderung verursacht hat. **Geht das Zeitrisiko in gewissem – festzustellendem – Umfang zu Lasten des Auftragnehmers, ist diese Verlängerungseinheit zu eliminieren.**
[Hervorhebung durch die Verfasserin]

Berger bestätigt somit, dass die zeitlich Auswirkung der auftraggeberseitigen Behinderung erst ab dem Zeitpunkt bauzeitverlängernd für den Auftragnehmer zu berücksichtigen ist, ab dem er selbst leistungsfähig war und keinerlei eigene Störung des Bauablaufes aus dem Risikobereich des Auftragnehmers selbst vorlag.

Zur Erinnerung hier nochmals der Text des § 6 VOB/B[28]:

§ 6 VOB/B
Behinderung und Unterbrechung der Ausführung

(1) ...
(2) 1. Ausführungsfristen werden verlängert, **soweit** die Behinderung verursacht ist:
a) durch einen Umstand aus dem Risikobereich des Auftraggebers,
b) durch Streik oder eine von der Berufsvertretung der Arbeitgeber angeordnete Aussperrung im Betrieb des Auftragnehmers oder in einem unmittelbar für ihn arbeitenden Betrieb,

[27] Beck'scher VOB-Kommentar (2013), VOB Teil B, § 6 Abs. 2, Rdnr. 28.
[28] VOB (2012) Teil B, § 6.

c) durch höhere Gewalt oder andere für den Auftragnehmer unabwendbare Umstände.

...

[Hervorhebung durch die Verfasserin]

Sie sehen, dass in der ausgewerteten Literatur nur bedingt Einigkeit hinsichtlich des Bauzeitverlängerungsanspruches des Auftragnehmers besteht, wenn Behinderungen aus dem Risikobereich des Auftraggebers und eigenverschuldete Behinderungen des Auftragnehmers gleichzeitig auftreten.

Jedoch hat das *OLG Köln*[29] in einem Urteil aus 2014 eindeutig darauf hingewiesen, dass der Auftragnehmer seine Leistungsbereitschaft zum Zeitpunkt der auftraggeberseitigen Behinderung nachweisen muss:

1. ...
2. **Der Auftragnehmer muss nachweisen, dass** die Bauzeit mit den kalkulierten Mitteln bei ungestörtem Bauablauf eingehalten worden wäre, **er selbst im Zeitpunkt einer Behinderung leistungsbereit war, keine von ihm selbst verursachten Verzögerungen vorlagen** und keine Umstände gegeben waren, die gegen eine Behinderung sprechen, z. B. in Form der Umstellung von Bauabläufen oder Inanspruchnahme von Pufferzeiten. ...

[Hervorhebung durch die Verfasserin]

Dies bedeutet, dass eine eigenverschuldete Störung des Auftragnehmers parallel zu der auftraggeberseitigen Behinderung nachweislich nicht vorgelegen haben darf, wenn ein Bauzeitverlängerungsanpruch des Auftragnehmers geltend gemacht werden soll.

Insgesamt, mit gesundem Menschenverstand und vor dem Hintergrund der aktuellen Rechtsprechung, kann man somit nur zu dem Ergebnis kommen, dass eine Behinderung aus dem Risikobereich des Auftraggebers nur dann vom Auftragnehmer bauzeitverlängernd geltend gemacht werden kann, wenn er selbst zum Zeitpunkt des Behinderungseintritts leistungsbereit war.

Dies bedeutet auch, dass sich die Behinderung erst ab dem Zeitpunkt bauzeitverlängernd auswirkt, ab dem der Auftragnehmer nachweislich leistungsbereit war, d. h. nachweislich keine eigenen Störungen des Auftragnehmers vorlagen und dieser die von der Behinderung betroffene Leistung tatsächlich hätte ausführen können.

Nachfolgend ist in Abschn. 6.5 „Nachweis der eigenen Leistungsbereitschaft" beschrieben, wie Sie konkret nachweisen können, dass Sie zum Zeitpunkt des Behinderungseintritts leistungsbereit waren. Hierzu sind entsprechende Beispiele aufgeführt.

Leistungsfähigkeit des Auftragnehmers:
Nun fordert die aktuelle Rechtsprechung neben dem Nachweis der Leistungsbereitschaft ebenfalls den Nachweis der Leistungsfähigkeit des Auftragnehmers.

[29] IBR 2014, 257: RDin Anja Malotki; OLG Köln, Urteil vom 28.01.2014.

Auch das OLG Köln forderte 2014 in dem zuvor bereits zitierten Urteil[30]:

> Der Auftragnehmer muss nachweisen, dass die Bauzeit mit den kalkulierten Mitteln bei ungestörtem Bauablauf eingehalten worden wäre, …

Es geht bei dem durch den Auftragnehmer zu liefernden Nachweis seiner Leistungsfähigkeit darum, dass er grundsätzlich die Voraussetzungen geschaffen haben muss, die Bauleistung in der vereinbarten Bauzeit auszuführen.

Die Leistungsfähigkeit wird insofern zunächst grundsätzlich vorausgesetzt, muss aber insbesondere für den Nachweis der **Dauer** eines Bauzeitverlängerungsanspruches, dargelegt werden.

Allerdings sollte hierbei – abweichend von der Forderung des OLG Köln – nachgewiesen werden, dass die Bauzeit mit den tatsächlich zur Verfügung stehenden Ressourcen eingehalten worden wäre. Die Einhaltung der Bauzeit mit den vom OLG Köln im vorgenannten Urteil angesprochenen „kalkulierten Mitteln" ist wenig aussagekräftig.

Denn die Kalkulation spiegelt nicht die tatsächlich zur Einhaltung der Bauzeit notwendigen Ressourcen wider. Die Kalkulation dient der Preisfindung. Und die zur Preisfindung kalkulierten Geräte, Arbeitnehmer und sonstigen Ressourcen können von den tatsächlich einzusetzenden Ressourcen erheblich abweichen – in beide Richtungen.

So ist es insbesondere im Tief- und Erdbau üblich, Aushubleistungen in cbm pro Stunde für ein Aushubgerät zu kalkulieren.

Zum Beispiel würde **ein** Bagger laut Kalkulation 150 cbm Boden pro Stunde ausschachten, der Leistungsansatz in der Kalkulation für die Aushubposition wäre hier „150 cbm pro Stunde". Dies bedeutet jedoch nicht, dass insgesamt tatsächlich nur **ein** Bagger für den Aushub einer größeren Baugrube eingeplant ist oder zum Einsatz kommt.

Kann der Erdbauunternehmer nachweisen, dass zum Zeitpunkt des Behinderungseintrittes bereits drei Bagger für den Aushub der Baugrube vor Ort eingesetzt waren, die somit eine (kalkulierte) Leistung von 3 × 150 cbm pro Stunde = 450 cbm pro Stunde erreichten, so ist diese Leistung maßgeblich.

Noch besser ist es, die tatsächliche Aushubleistung bis zum Behinderungseintritt nachweisen zu können, z. B. anhand von Wiegekarten, Kippscheinen o. ä. für den bis dahin ausgehobenen und abgefahrenen Boden.

Kann also vom Auftragnehmer, dem Tiefbauunternehmer, nachgewiesen werden, dass er bis zum Eintritt der Behinderung mit den drei vor Ort eingesetzten Baggern jeweils eine durchschnittliche Aushubleistung von 4000 cbm pro Arbeitstag erreicht hat, kann errechnet werden, wie lange der Aushub der Baugrube insgesamt noch gedauert hätte, sofern keine Behinderung bei den Aushubarbeiten eingetreten wäre.

So lässt sich ermitteln, welche zeitlichen Auswirkungen die Behinderung auf die Aushubarbeiten hatte. Und hieraus lässt sich wiederum die Dauer der Bauzeitverlängerung ermitteln, die dem Auftragnehmer letztendlich zusteht.

[30] IBR 2014, 257: RDin Anja Malotki; OLG Köln, Urteil vom 28.01.2014.

Beim Nachweis Ihrer Leistungsfähigkeit geht es somit darum, aufzuzeigen, in welcher Bauzeit eine bestimmte Leistung mit den von Ihnen tatsächlich eingesetzten bzw. von Ihnen tatsächlich einsetzbaren, zur Verfügung stehenden Ressourcen hätte erstellt werden können.

Dies ist wichtig in Hinblick auf die Höhe Ihres Bauzeitverlängerungsanpruches, also die Dauer der Ihnen zustehenden Bauzeitverlängerung.

Diese hängt nämlich letztendlich davon ab, in welcher Bauzeit Sie die Leistungen, die von einer Bauablaufstörung betroffen waren, mit den zur Verfügung stehenden Ressourcen (Mitarbeitern, Geräten,. . .) hätten erbringen können.

Nochmals: Dies hat nichts mit den kalkulierten Ressourcen zu tun, sondern mit denjenigen, die Ihnen tatsächlich zur Erbringung der Leistung zur Verfügung standen, die also konkret auf der Baustelle vorhanden oder abrufbereit auf Ihrem Baulager o. ä. waren.

Zusammengefasst gesagt: Ihre *Leistungsbereitschaft* müssen Sie nachweisen, damit sich aus der auftraggeberseitigen Behinderung überhaupt ein Anspruch für Sie auf Bauzeitverlängerung ergibt. Denn waren Sie selbst nicht leistungsbereit, weil eigenverschuldete Störungen des Bauablaufes Ihrerseits vorlagen, ergibt sich aus der durch Ihren Auftraggeber verursachten Behinderung für Sie kein Anspruch auf Verlängerung der Bauzeit.

Der Nachweis Ihrer eigenen Leistungsbereitschaft ist somit eine zu erfüllende Anspruchsvoraussetzung. Die Voraussetzung „eigene Leistungsbereitschaft des Auftragnehmers muss nachweislich vorhanden gewesen sein“ muss erfüllt sein, um überhaupt einen Anspruch auf Verlängerung der Bauzeit haben zu können.

Ihre *Leistungsfähigkeit* müssen Sie nachweisen, um auf Basis Ihrer tatsächlichen Leistungsfähigkeit die tatsächlichen zeitlichen Auswirkungen der Behinderung darzustellen und hieraus die Dauer der Ihnen zustehenden Bauzeitverlängerung zu ermitteln.

Der Nachweis Ihrer tatsächlichen Leistungsfähigkeit hat somit Auswirkungen auf die Anspruchshöhe, also auf die Dauer der Ihnen zustehenden Bauzeitverlängerung.

Insgesamt wird bei den weiteren Betrachtungen im Rahmen dieses Buches vorausgesetzt, dass Sie die Gesamtbauzeit mit den Ihnen zur Verfügung stehenden Ressourcen eingehalten hätten. Denn dieser Nachweis wird nicht nur, wie zuvor beschrieben, vom OLG Köln in dem Urteil aus 2014 gefordert, sondern wird im Zweifelsfall von jedem Auftraggeber gefordert werden. Von Auftraggebern wird nur allzu häufig im Streit um Bauzeitverlängerungsansprüche des Auftragnehmers das Argument gebracht, dass dieser die vertragliche Bauzeit ja ohnehin nicht eingehalten hätte.

Den Nachweis erbringen Sie letzten Endes dadurch, dass Sie auf Basis des tatsächlichen Ist-Bauablaufes darlegen, dass die Bauzeit ohne die Behinderungen aus dem Risikobereich des Auftraggebers nicht nur kürzer gewesen wäre, sondern so kurz gewesen wäre, dass sie noch vor dem vertraglichen Fertigstellungstermin geendet hätte.

Dies wird in Abschn. 7.2 „Ermittlung des Bauzeitverlängerungsanspruches als Differenz zwischen resultierendem Ist′- Bauablauf und Ist-Bauablauf“ noch genauer erläutert.

3.4 Kausalität: Die Bauablaufstörung muss die Bauzeit tatsächlich verlängert haben

Als eine zu erfüllenden Anspruchsvoraussetzungen wurde für alle Störungssachverhalte (Behinderung, Mengenänderung, zusätzlich erforderliche Leistung, geänderte Leistung) zuvor beschrieben, dass die eingetretene Störung die Bauzeit tatsächlich verlängert haben muss.

Da dieser Punkt so außerordentlich wichtig ist, und dennoch in der Praxis häufig außer Acht gelassen wird, wird hierauf nochmals gesondert eingegangen.

„Kausalität" bedeutet, dass die eingetretene Behinderung, Mengenänderung, geänderte oder zusätzlich erforderliche Leistung ursächlich für die Bauzeitverlängerung gewesen sein muss.

Kausalität ist ein juristischer Begriff, der die Beziehung zwischen Ursache und Wirkung beschreibt.

In Hinblick auf Ihren Anspruch auf Bauzeitverlängerung muss sich die eingetretene Behinderung (d. h. Behinderung, Mengenänderung, geänderte oder zusätzlich erforderliche Leistung) tatsächlich so ausgewirkt haben, dass sich hierdurch die Bauzeit verlängert hat.

Oftmals fühlt es sich für den Bauleiter so an, als habe eine bestimmte Bauablaufstörung zu der Verschiebung des Fertigstellungtermins geführt – dies müssen Sie aber auch nachweisen können.

Daher ist der zuvor beschriebenen, **für jeden Störungssachverhalt** zu erfüllenden Anspruchsvoraussetzung „Kausalität" besondere Beachtung zu schenken.

Zum Nachweis, dass sich die eingetretene Störung tatsächlich bauzeitverlängernd ausgewirkt hat, müssen Sie für jede einzelne Behinderung untersuchen, wie sich diese konkret auf den weiteren Bauablauf ausgewirkt hat. D. h. für jeden Störungssachverhalt ist auf Basis des Ist-Bauablaufplanes darzustellen, inwieweit sich die Ausführungszeit einzelner von der Behinderung betroffener Vorgänge verlängert bzw. verschoben hat.

Weiterhin ist nachzuweisen, dass die jeweilige Behinderung Einfluss auf die Gesamtbauzeit hatte. Hier ist darzulegen, dass die Behinderung tatsächlich das Bauzeitende verschiebt.

Nachfolgend ist in Abschn. 6.3 „Nachweis, dass die beschriebenen Störungssachverhalte kausal zu einer Veränderung der Bauzeit geführt haben" beschrieben, wie Sie hierbei konkret vorgehen sollten.

3.5 Vorbehalt in Nachtragsangeboten und bei Nachtragsverhandlungen

Wie bereits in der Einleitung zu Kap. 2 angesprochen wurde, müssen Sie sich bei der Ausführung von Nachtragsleistungen Ihren Anspruch sowohl auf Verlängerung der Bauzeit als auch auf Erstattung der aus der Bauzeitverlängerung resultierenden Mehrkosten ausdrücklich vorbehalten – sowohl in Ihrem Nachtragsangebot als auch in der später mit Ihrem Auftraggeber zu treffenden Nachtragsvereinbarung.

Oder Sie sollten – sofern dies bei der Nachtragsverhandlung schon möglich ist – die Dauer der Bauzeitverlängerung und die Höhe der Mehrkosten mit Ihrem Auftraggeber direkt zusammen mit den Nachtragspreisen der Höhe nach vereinbaren.

Hierzu hat das OLG München mit Urteil vom 26.06.2012 entschieden[31]:

Nachtragsvereinbarungen sind abschließend: Kein Nachtrag zum Nachtrag!

1. …
2. Nachtragsvereinbarungen sind abschließende Regelungen. Der Auftragnehmer muss deshalb bei Leistungsnachträgen auch die bauzeitabhängigen Mehrkosten in sein Nachtragsangebot aufnehmen oder zumindest deutlich machen, dass diese Kosten darin nicht enthalten sind. Andernfalls ist er mit der Geltendmachung bauzeitabhängiger Mehrkosten ausgeschlossen.

Hierzu schreibt *Wieseler*:

Entscheidung

Der AN kann wegen der in der Nachtragsvereinbarung geregelten zusätzlich angefallenen Arbeiten keine weiteren (über die Vereinbarung hinausgehenden) Mehrkosten verlangen. …

Praxishinweis

Das Urteil ist richtig. Nachtragsvereinbarungen sind in aller Regel abschließend. Auftragnehmer sollten in Nachtragsangeboten dringend all ihre etwaigen Mehrkosten detailliert aufschlüsseln. …

Dass bereits Nachtragsangebote und spätere Nachtragsverhandlungen abschließend sind, wenn vom Auftragnehmer nicht ausdrücklich ein Vorbehalt erklärt wird, wird in einem Beschluss des OLG Köln vom 27.10.2014 bestätigt[32]:

…

2. Der Auftraggeber kann, auch wenn er umfangreiche nachträgliche Leistungen beauftragt, davon ausgehen, dass ihm der Auftragnehmer mit seinem Nachtragsangebot ein abschließendes Angebot macht. Andernfalls muss sich der Auftragnehmer die Geltendmachung künftig entstehender Mehrkosten wegen einer in der mit einer Nachtragsbeauftragung verbundenen Bauablaufstörung vorbehalten.

…

Dies bedeutet für Sie: Bei Einreichung jeden Nachtragsangebotes behalten Sie sich bitte sowohl

[31] IBR 2014, 652: RiOLG Dr. Johannes Wieseler; OLG München/BGH, Beschluss vom 05.06.2014.
[32] IBR 2015, 121: RA Dr. Stefan Althaus; OLG Köln, Beschluss vom 27.10.2014.

1. die Verlängerung der Ausführungsfristen

   als auch

2. die hieraus resultierende Mehrkosten

vor.

Gleiches gilt für die Nachtragsverhandlung, d. h. Verhandlung der Nachtragspreise zwischen Ihnen und Ihrem Auftraggeber.

Es müssen in der Verhandlung nochmals die aus der Ausführung der Nachtragsleistung resultierende Bauzeitverlängerung und auch die aus der verlängerten Bauzeit resultierenden Mehrkosten vorbehalten werden. Auch wenn Sie zu dieser Zeit weder voraussehen können, ob der Nachtrag überhaupt zu einer Bauzeitverlängerung, noch zu entsprechenden weiteren Mehrkosten führt.

Meist werden Sie nämlich bei Abgabe des Nachtragsangebotes und bei der Nachtragsverhandlung noch nicht absehen können, ob sich die Ausführung der Nachtragsleistung überhaupt bauzeitlich auswirkt, wie die Dauer einer evtl. aus der Ausführung der Nachtragsleistung resultierenden Verlängerung der Bauzeit sein wird und welche Kosten hieraus entstehen werden. Daher behalten Sie sich Ihre Ansprüche hierauf in jedem Fall vor.

Ihr Vorbehalt im Nachtragsangebot kann z. B. wie folgt formuliert sein:

> Sehr geehrter Auftraggeber,
> aufgrund der am xxx von Ihnen vorgelegten geänderten Ausführungsplanung haben wir Ihnen nachfolgendes Ergänzungsangebot ausgearbeitet.
> Wir weisen darauf hin, dass die Ausführung der hier angebotenen Nachtragsleistungen (geänderte Leistungen, zusätzlich erforderliche Leistungen) zu einer Verlängerung der Bauzeit führen kann.
> Unseren Anspruch auf Bauzeitverlängerung und Geltendmachung der bauzeitabhängigen Mehrkosten behalten wir uns daher ausdrücklich vor.
> Mit freundlichen Grüßen
> ...

Literatur

Drittler, Matthias: Nachträge und Nachtragsprüfung beim Bau- und Anlagenbauvertrag 2010, Werner Verlag

Ganten/Jansen/Voit: Beck'scher VOB-Kommentar, 3. Auflage 2013, Verlag C. H. Beck

Kapellmann/Schiffers: Vergütung, Nachträge und Behinderungsfolgen beim Bauvertrag, 6. Auflage 2011, Werner Verlag

Roquette/Viering/Leupertz: Handbuch Bauzeit, 2. Auflage 2013, Werner Verlag

VOB Vergabe- und Vertragsordnung für Bauleistungen, Ausgabe 2012, herausgegeben im Auftrag des Deutschen Vergabe- und Vertragsausschusses für Bauleistungen

Zeitschrift IBR Immobilien- und Baurecht bzw. ibr-online.de, Datenbank für. Bau-, Vergabe- und Immobilienrecht, Verlag C. H. Beck, IBR 2000, 218: RA Steffen Kraus; BGH-Urteil vom 21.10.1999

Zeitschrift IBR Immobilien- und Baurecht bzw. ibr-online.de, Datenbank für. Bau-, Vergabe- und Immobilienrecht, Verlag C. H. Beck, IBR 2013, 670: RA und FA für Bau- und Architektenrecht Dr. Achim Olrik Vogel, OLG Hamm, Urteil vom 30.07.2013

Zeitschrift IBR Immobilien- und Baurecht bzw. ibr-online.de, Datenbank für. Bau-, Vergabe- und Immobilienrecht, Verlag C. H. Beck, IBR 2014, 4: RA Stephan Bolz „Zeitschriftenschau – Änderungs- und Zusatzleistungen sind keine Behinderungen!"

Zeitschrift IBR Immobilien- und Baurecht bzw. ibr-online.de, Datenbank für. Bau-, Vergabe- und Immobilienrecht, Verlag C. H. Beck, IBR 2012, 315: RA Dr. Stefan Althaus; OLG Koblenz, Urteil vom 15.12.2011

Zeitschrift IBR Immobilien- und Baurecht bzw. ibr-online.de, Datenbank für. Bau-, Vergabe- und Immobilienrecht, Verlag C. H. Beck, IBR 2014, 257: RDin Anja Malotki; OLG Köln, Urteil vom 28.01.2014

Zeitschrift IBR Immobilien- und Baurecht bzw. ibr-online.de, Datenbank für. Bau-, Vergabe- und Immobilienrecht, Verlag C. H. Beck, IBR 2014, 652: RiOLG Dr. Johannes Wieseler; OLG München/BGH, Beschluss vom 05.06.2014

Zeitschrift IBR Immobilien- und Baurecht bzw. ibr-online.de, Datenbank für. Bau-, Vergabe- und Immobilienrecht, Verlag C. H. Beck, IBR 2015, 121: RA Dr. Stefan Althaus, OLG Köln, Beschluss vom 27.10.2014

Grundlagen zur Darstellung Ihres Anspruches 4

Die Fristverlängerung, also Ihr Anspruch auf Bauzeitverlängerung, wird nach der Dauer der „Behinderung" (wie bereits ausführlich dargelegt können dies auch die Ausführung von Mehrmengen, geänderten oder zusätzlich erforderlichen Leistungen sein) berechnet, wie in § 6 Abs. 4 VOB/B beschrieben[1]:

> § 6 VOB/B
> Behinderung und Unterbrechung der Ausführung
> ...
> (4) **Die Fristverlängerung wird berechnet nach der Dauer der Behinderung** mit einem Zuschlag für die Wiederaufnahme der Arbeiten und die etwaige Verschiebung in eine ungünstigere Jahreszeit.
> ...
> [Hervorhebung durch die Verfasserin]

Die aktuelle Rechtsprechung und Literatur zum § 6 VOB/B zeigt auf, wie die Behinderungsdauer festzustellen bzw. zu berechnen ist. Die Kernaussagen hieraus und die Anforderungen an Sie, wie Ihr Anspruch auf mehr Bauzeit darzustellen ist, sind nachfolgend zusammengefasst.

4.1 Konkret bauablaufbezogene Darstellung

In der Rechtsprechung wird bei der Geltendmachung von Bauzeitverlängerungsansprüchen immer wieder eine sogenannte „konkret bauablaufbezogene Darstellung" gefordert.[2]

Wie diese „konkret bauablaufbezogene Darstellung" durch Sie zu erbringen ist, wird daher nachfolgend beschrieben.

[1] VOB (2012) Teil B, § 6 Abs. 4.
[2] vgl. IBR 2013, 407; IBR 2012, 2039; IBR 2012, 380; IBR 2012, 75; IBR 2011, 394.

N. Baschlebe, *Ansprüche auf Bauzeitverlängerung erkennen und durchsetzen*,
DOI 10.1007/978-3-658-10354-5_4

Viele Ansprüche von ausführenden Firmen auf Bauzeitverlängerung, Ansprüche auf Mehrkosten aus Bauzeitverlängerung und zur Darlegung dieser Ansprüche erstellte baubetriebliche Gutachten sind in den letzten Jahren vor Gericht gescheitert. Ursache hierfür war meist, dass die Darstellung von Behinderungen und deren Auswirkungen eben nicht anhand des tatsächlichen Ist-Bauablaufes erfolgten, sondern sich am Soll-Bauablauf orientierten.

Die von den Gerichten immer wieder geforderte „konkret bauablaufbezogene Darstellung" kann nur auf Basis des tatsächlichen Ist-Bauablaufes erfolgen, da aus juristischer Sicht der eingetretene Schaden nachgewiesen werden muss.

Ein Ihnen zugefügter Schaden kann nur anhand eines Ist-Zustandes ermittelt werden. Denn der sogenannte „Schaden" ist der materielle (oder immaterielle) Nachteil, den Sie durch ein Ereignis (einen Auffahrunfall auf Ihr Auto, eine Behinderung in Ihrem Bauablauf, die Verlängerung der Bauzeit etc.) erleiden.

Der Schaden bemisst sich grundsätzlich nach der tatsächlich eingetretenen Vermögensminderung, kann also nur anhand eines tatsächlichen Zustandes, also eines Ist-Zustandes, bemessen werden.

Entsteht bei einem Verkehrsunfall ein Schaden an Ihrem Auto, den ein anderer Verkehrsteilnehmer verursacht hat, weisen Sie diesen Schaden anhand des Ist-Zustandes nach, nämlich indem Sie die Beschädigung Ihres Autos in einer Werkstatt beurteilen und monetär bewerten lassen. Es wird der geminderte Wert Ihres Autos nach Schadenseintritt mit dem hypothetischen Wert des Autos ohne den Schaden verglichen.

Hier käme niemand auf die Idee, statt den tatsächlich am Auto entstandenen Schaden zu bewerten, eine fiktive Berechnung des Schadens anhand von Soll-Werten vorzunehmen. Dies wäre ja auch schwer möglich. Welche Soll-Werte sollten hier herangezogen werden?

Warum wird dann aber zum Nachweis eines Behinderungsschadens in Form von Verlängerung der Bauzeit und hieraus resultierenden zeitabhängigen Kosten so häufig der Soll-Bauablaufplan oder die vertraglich vereinbarte Bauzeit zugrunde gelegt?

Der Soll-Bauablaufplan mag zwar vertraglich zwischen Ihnen und Ihrem Auftraggeber vereinbart worden sein, hat aber nichts mit dem „Schaden" zu tun, der Ihnen durch die verlängerte Bauzeit entstanden ist.

Juristisch folgt der Nachweis des Bauzeit-Schadens der sogenannten Differenzhypothese: Es ist der Zustand **mit dem Schaden** bzw. mit der Bauzeitverlängerung durch Behinderungen des Bauablaufes (d. h. Störungen des Bauablaufes aus dem Risikobereich des Auftraggebers) mit dem Zustand zu vergleichen, wie er **ohne den Schaden** bzw. die vom Auftraggeber zu vertretenden Behinderungen gewesen wäre.

Anhand der Differenzhypothese wird im Zivilrecht der Schaden ermittelt. Dabei gilt als Schaden der Unterschied zwischen dem tatsächlichen Vermögen und dem Vermögen, dass der Geschädigte hypothetisch gehabt hätte, wenn das schädigende Ereignis nicht eingetreten wäre.

Bauzeitlich gesehen ist der „Schaden" die Bauzeitverlängerung bzw. die hieraus resultierenden Kosten, die sich nur durch einen Vergleich des tatsächlichen Ist-Bauablaufes („tatsächliches Vermögen") und dem hypothetisch ungestörten Bauablauf ohne die Behinderungen („Vermögen, das der Geschädigte theoretisch gehabt hätte, wenn das schädigende Ereignis nicht eingetreten wäre") ermitteln lassen.

Insoweit muss die Grundlage für die immer wieder geforderte „konkret bauablaufbezogene Darstellung" der tatsächliche Ist-Bauablauf sein.

Ferner steht die von den Gerichten im Zusammenhang mit Bauzeitverlängerungsansprüchen stets geforderte „konkret bauablaufbezogene Darstellung" in direktem Zusammenhang zu dem Nachweis der Leistungsbereitschaft des Auftragnehmers.

Denn will der Auftragnehmer die Auswirkungen einer Behinderung **konkret bauablaufbezogen** darstellen, kommt er nicht umhin, die Auswirkungen der Behinderung auf bestimmte von ihm eingesetzte Ressourcen (Arbeitskräfte, Geräte) aufzuzeigen, und ist folglich gezwungen, die Leistungsbereitschaft eben dieser von der Behinderung betroffenen Ressourcen nachzuweisen.

Schon in einem Beschluss des KG Berlin vom 13.02.2009 wurde folgendes festgelegt[3]:

> Entscheidung
>
> ... hat der Unternehmer ein nicht zielführendes Gutachten in Auftrag gegeben und erhalten. Zwar wird erklärt, dass die Bautagebücher umfänglich ausgewertet worden seien. Gleichwohl wird daraus nicht etwa die Konsequenz gezogen, bestimmten Behinderungen bestimmte Verzögerungsfolgen zuzuordnen. In keinem Punkt wird differenziert dargestellt, welche Behinderungen welche Verzögerungen zu Folge hatten, **welche Maschinen und Arbeitskräfte davon betroffen waren und weshalb diese nicht anderweitig eingesetzt werden konnten**. Es werden lediglich bestimmte Zeiträume mit bestimmten betriebswirtschaftlich ermittelten Werten multipliziert. Ein **Bezug zum tatsächlichen Geschehen auf der Baustelle**, wie er sich aus den Bautagebüchern ergeben sollte, wird nicht hergestellt. Für das Gericht ist es nicht zumutbar, die Vielzahl der eingereichten Anlagen daraufhin zu durchforschen, um etwaige Bezüge zu ermitteln.
>
> Praxishinweis
>
> Für die erfolgreiche Geltendmachung von **Ansprüchen wegen Bauzeitverlängerung** ist es erforderlich, dass der Auftragnehmer eine **bauablaufbezogene Dokumentation der jeweiligen Behinderung** erstellt. Hierfür reicht es nicht aus, auf die Behinderung Bezug zu nehmen. Vielmehr muss die zeitliche Auswirkung der Behinderung im Einzelnen dargelegt werden. ... Die Darlegung der unterlassenen Mitwirkung und des Annahmeverzugs sowie dessen Dauer sind Bestandteil der anspruchsbegründenden Kausalität im Rahmen des § 642 BGB. Erst die genaue Darlegung dieser Voraussetzungen ermöglicht eine Beurteilung, in welcher Höhe der Entschädigungsanspruch bestehen kann. ...
>
> [Hervorhebung durch die Verfasserin]

Der Auftragnehmer hat konkret die zeitliche Auswirkung jeder Behinderung darzulegen, welche Verzögerung die jeweilige Behinderung zur Folge hatte, welche Maschinen und Arbeitskräfte von der Behinderung betroffen waren und warum diese nicht anderweitig eingesetzt werden konnten.

Hieraus folgt nochmals, was zuvor schon als Voraussetzung für die Geltendmachung Ihres Anspruches definiert wurde (siehe Abschn. 3.3 „Leistungsbereitschaft und Leis-

[3] IBR 2010, 437: RA und FA für Bau- und Architektenrecht Dr. Guido Schulz; KG Berlin, Beschluss vom 13.02.2009.

tungsfähigkeit des Auftragnehmers“), nämlich dass Sie als Auftragnehmer Ihre Leistungsbereitschaft nachweisen müssen.

Denn ein Nachweis der konkreten Auswirkungen einer Behinderung auf bestimmte Maschinen und Arbeitskräfte wird Ihnen als Auftragnehmer nicht gelingen, wenn Sie nicht Ihre eigene Leistungsbereitschaft diesbezüglich nachweisen. Die von der Behinderung betroffenen Ressourcen (Maschinen und Arbeitskräfte) müssen leistungsbereit gewesen sein.

In dem im Abschn. 3.3 „Leistungsbereitschaft und Leistungsfähigkeit des Auftragnehmers“ bereits zitierten Urteil des KG Berlin vom 29.04.2011 wird dies konkret bestätigt[4]:

1. Eine Entschädigung aus § 642 BGB setzt eine **nachvollziehbare Darlegung** des Annahmeverzugs und der **damit verbundenen Auswirkungen auf den Bauablauf** voraus.
2. **Die aus einer oder mehreren Behinderungen abgeleitete Bauzeitverlängerung ist möglichst konkret darzulegen.** Hierfür ist eine baustellenbezogene Darstellung der Ist- und Sollabläufe notwendig, die eine Bauzeitverlängerung nachvollziehbar macht.
3. Ein baubetriebliches Gutachten, in dem ein Bauzeitverlängerungsanspruch auf der Grundlage herausgegriffener Aspekte des Baugeschehens und anhand einer arbeitswissenschaftlichen Schätzung errechnet wird, ist nicht geeignet, einen Anspruch nach § 642 BGB zu begründen.

...

Das KG weist die Klage ab, weil sie nur auf einzelne Aspekte des Baugeschehens gestützt sei, **ohne dabei vom GU selbst verursachte Verzögerungen** sowie beauftragte Nachträge **hinreichend zu berücksichtigen**. ... Ein baubetriebliches Gutachten ist unzureichend, wenn es weitere Verzögerungen aus anderen Ursachen ebenso wie aus beauftragten Nachträgen nicht berücksichtigt ... Dann fehlt eine **konkrete bauablaufbezogene Darstellung** der Behinderungen.
[Hervorhebung durch die Verfasserin]

Die konkret bauablaufbezogene Darstellung der Behinderung fordert auch nochmals 2012 das OLG Hamm[5]:

Behinderung nicht bauablaufbezogen dargestellt: Auftragnehmer erhält keinen Schadensersatz!

... entbindet ... den Auftragnehmer nicht von seiner Verpflichtung, die Behinderungen, für deren Folgen er Schadensersatz verlangt, möglichst konkret darzulegen. **Hierzu ist eine bauablaufbezogene Darstellung der jeweiligen Behinderungen unumgänglich.**

Entscheidung

... Vielmehr ist eine konkrete bauablaufbezogene Darstellung der jeweiligen Behinderungen unumgänglich. Diese muss auch diejenigen unstreitigen Umstände berücksichtigen, die gegen eine Behinderung sprechen, wie z. B. die wahrgenommene Möglichkeit, einzelne Bauabschnitte vorzuziehen. Soweit der AN mangels einer ausreichenden Dokumentation der

[4] IBR 2012, 76: RA und FA für Bau- und Architektenrecht Prof. Dr. Ralf Leinemann; KG Berlin, Urteil vom 19.04.2011.
[5] IBR 2014, 725: RA Stephan Bolz; OLG Hamm, Urteil vom 19.06.2012.

Behinderungstatbestände und der sich daraus ergebenden Verzögerungen zu einer den Anforderungen entsprechenden Darstellung nicht in der Lage ist, geht das grundsätzlich nicht zu Lasten des Auftraggebers. ...

Praxishinweis

Grundlage eines erfolgreichen Bauzeitennachtrags ist die bauablaufbezogene Darstellung. ...

In dem zuvor in Abschn. 3.5 „Vorbehalt in Nachtragsangeboten und bei Nachtragsverhandlungen" bereits zitierten Beschluss des OLG Köln aus 2014, wonach mit Nachtragsvereinbarungen grundsätzlich auch deren bauzeitliche Auswirkungen abgegolten sind, wird außerdem auch beschrieben, wie eine „konkret bauablaufbezogene Darstellung" auszusehen hat[6]:

Entscheidung

... Dem ist der **tatsächliche Bauablauf gegenüberzustellen**, wobei der AN die einzelnen Behinderungstatbestände aufführen und deren tatsächliche Auswirkungen auf den Bauablauf erläutern muss. Die Darstellung muss insbesondere auch die Beurteilung ermöglichen, ob die angesetzten Bauzeiten mit den vorgesehenen Mitteln eingehalten werden konnten, z. B. ob die Baustelle auch tatsächlich mit ausreichend Arbeitskräften besetzt war. Die Darstellung muss auch die **vom AN selbst verursachten Verzögerungen sowie die erteilten Nachtragsaufträge und deren Auswirkungen umfassen**, da die hierdurch bedingten Verzögerungen **mangels eines Vorbehalts** keine über die Vergütung hinausgehenden Zahlungsansprüche auslösen können. Zu berücksichtigen ist zudem auch die Möglichkeit, einzelne Bauabschnitte vorzuziehen oder die Arbeitskräfte sonst anderweitig einzusetzen. ...

Praxishinweis

Die vorliegende Entscheidung zeigt ein weiteres Mal, wie schwer sich Auftragnehmer mit den Anforderungen der Gerichte an eine bauablaufbezogene Darstellung tun.

Zur Darlegung von Bauzeitverlängerungsansprüchen wird in der aktuellen Rechtsprechung somit immer wieder eine „konkret bauablaufbezogene Darstellung" unter Berücksichtigung von Eigenverzögerungen, also eigener Störungen und ggf. unzureichender Leistungsbereitschaft des Auftragnehmers, gefordert.

Es sind die konkreten Folgen jeder Bauablaufstörung durch den Auftragnehmer darzustellen.

Hieraus folgt erneut, dass der Auftragnehmer bei Geltendmachung von Bauzeitverlängerungsansprüchen den tatsächlichen Ist-Bauablauf als Grundlage nehmen muss.

Dass der Ist-Bauablauf, und nicht etwa der vertraglich vereinbarte Soll-Bauablauf, die Grundlage für die Darlegung Ihres Anspruches auf Bauzeitverlängerung sein muss, wird nachfolgend genauer erläutert.

[6] IBR 2015, 121: RA Dr. Stefan Althaus; OLG Köln, Beschluss vom 27.10.2014.

4.2 Ist-Ist′ statt Soll-Soll′

Obwohl die aktuelle Rechtsprechung keine andere Vorgehensweise zulässt, als einen Anspruch auf Bauzeitverlängerung aus dem tatsächlichen Ist-Bauablauf herzuleiten, wird häufig in der Literatur zur Darstellung der terminlichen Auswirkungen gestörter Bauabläufe ausschließlich die Soll-Soll′-Methode (sprich: Soll-Soll Strich-Methode) vorgeschlagen und erläutert.

Diese wird von *Roquette/Viering/Leupertz* im *Handbuch Bauzeit* wie folgt beschrieben[7]:

> Die Soll′-Methode versucht ... die störenden Einflüsse auf den Bauablauf modellhaft, jedoch nachvollziehbar, darzustellen.
>
> Die Soll′-Methode enthält drei wesentliche Arbeitsschritte:
>
> - Bestimmung des Soll-Ablaufs,
> - Feststellung, Dokumentation und Analyse des störenden Sachverhaltes und
> - Einarbeitung der Störung und Feststellung der konkreten Auswirkungen.
>
> ... Vom Grundsatz her werden in den ursprünglich vorgesehenen Soll-Terminablauf die einzelnen, auftraggeberseitigen Verzögerungen eingebunden. Als Ergebnis erhält man einen theoretischen Bauablauf mit einer neuen theoretischen Gesamtbauzeit als Näherung für die tatsächlichen Einzelauswirkungen der Störungen.

Die Soll′-Methode ist jedoch in mehrerlei Hinsicht kritisch zu sehen.

1. Es wird hier aus dem Soll-Bauablauf, der eine Hypothese ist, eine Soll′-Fortschreibung (sprich: Soll Strich-Fortschreibung) vorgenommen, die eine weitergehende Hypothese, sozusagen eine Hypothese 2. Grades, darstellt.
2. Eigene Störungen des Auftragnehmers bzw. eine unzureichende Leistungsbereitschaft des Auftragnehmers werden oftmals vernachlässigt bzw. nach Abschluss der Soll-Fortschreibung wird die Differenz zwischen dem Soll′-Fertigstellungstermin (sprich: Soll Strich-Fertigstellungstermin) und dem tatsächlichen Ist-Fertigstellungstermin als eigenverschuldete Verzögerung des Auftragnehmers definiert.
3. Bei Darstellung der Behinderungsauswirkungen wird nicht berücksichtigt, dass im Ist-Bauablauf ggf. Umstellungen des Bauablaufes gegenüber dem ursprünglich geplanten Soll-Bauablauf erfolgten, so dass sich eine Behinderung tatsächlich in geringerem Umfang oder überhaupt nicht bauzeitverlängernd auswirkte, da sich diese ggf. nicht mehr auf dem „kritischen Weg" befand.
4. Der Vergleich des Soll-Bauablaufes mit dem unter Einarbeitung der auftraggeberseitigen Behinderungen entwickelten Soll′-Bauablauf (sprich: Soll Strich-Bauablauf) ergibt schließlich oftmals einen Bauzeitverlängerungsanspruch, der über die tatsächliche Ist-Bauzeit hinausgeht.

[7] Handbuch Bauzeit (2013), Rdnr. 553.

Dies zeigt sich sehr plakativ in dem zuvor in Abschn. 4.1 „Konkret bauablaufbezogene Darstellung“ bereits zitierten Urteil des KG Berlin vom 19.04.2011[8]:

> ... Auch darin liegt ein Fehler des Gutachtens. Auch soweit der Kläger allein auf den Vorgang „Gebäudeautomation“ abstellt, reicht das Diagramm nicht aus. Gemäß Zeile Nr. 83 hätte die Ausführungsplanung zur Gebäudeautomation nach dem modifizierten Bauablauf „Soll´Anfang“ am 07.10.2000 vorliegen sollen. Sie lag am 05.11.2002 vor („Soll´Ende“). Nach Zeile Nr. 137 war der Soll´Anfang des technischen Ausbaus aber erst am 02.01.2003, der Beginn der Arbeiten („Ist-Anfang“) dagegen am 30.07.2001. Das ergibt keinen Sinn. Der Unternehmer, der einen Anspruch wegen Bauzeitverzögerung geltend macht, hat nachvollziehbare, hinreichend detaillierte Angaben dazu zu machen, aufgrund welcher Verzögerung bei der Zurverfügungstellung welcher Unterlagen welche Arbeiten auf der Baustelle nicht ausgeführt werden konnten und wie sich das auf die Baustelle konkret ausgewirkt hat. ...

Im Urteil heißt es weiter:

> Der Senat verkennt nicht, dass die Darlegung der Anspruchsvoraussetzungen ... schwierig ist. In der Praxis versagt die Darlegung der haftungsbegründenden Kausalität häufig, weil dem Auftragnehmer nicht die Darstellung gelingt, wie sich eine Pflichtverletzung konkret auf den Bauablauf störend ausgewirkt hat, weil zunächst nachgewiesen muss, dass die Pflichtverletzung überhaupt zu einer Störung des Bauablaufs geführt hat, wozu **der hypothetisch störungsfreie Bauablauf dargestellt werden muss.** ... Wenn sich zusätzlich wie hier die dem Vertrag zugrunde gelegten Bauabläufe durch andere, nicht vom Auftraggeber zu vertretende Störungen geändert haben, erschwert dies die bei komplexen Bauvorhaben ohnehin schwierige Darstellung ...
> [Hervorhebung durch die Verfasserin]

Genau hierauf aber, auf die Darstellung des hypothetisch störungsfreien Bauablaufes, kommt es bei der Ermittlung und Darlegung von Bauzeitverlängerungsansprüchen an.

Dies beschreiben auch *Roquette/Viering/Leupertz* im *Handbuch Bauzeit* bei der Erläuterung von Alternativen zur Soll-Soll′-Methode[9]:

> In der Literatur werden im Anschluss an die Kritik der herkömmlichen Verfahrensweise zur Erstellung eines Soll′-Bauablaufs verschiedene alternative Methoden diskutiert, ...
>
> Lang[10] stellt neben der Soll′-Methodik einen neuen Ansatz für die Analyse gestörter Bauabläufe ausgehen vom Ist-Bauablauf vor. Er bewertet Bauablaufstörungen und ihre Auswirkungen auf Basis eines **Vergleichs des „gestörten tatsächlichen“ mit dem „hypothetisch ungestört tatsächlichen“ Bauablauf**. Ausgehend vom Bau-Ist wird damit nur der tatsächliche Ablauf näher betrachtet, **ohne den Soll-Ablauf zu berücksichtigen**. ...
> [Hervorhebung durch die Verfasserin]

Gemäß der hier beschriebenen Methode ausgehend vom Ist-Bauablauf Bauablaufstörungen nachzuweisen, ist der Ist-Bauablauf, also der „gestörte tatsächliche“ Bauablauf,

[8] IBR 2012, 75 und 76: KG Berlin, Urteil vom 19.04.2011.
[9] Handbuch Bauzeit (2013), Rdnr. 637.
[10] Vygen/Joussen/Schubert/Lang (2011), Rdnr. 129.

dem Ist′-Bauablauf (sprich: Ist Strich-Bauablauf), also dem „hypothetisch ungestörten tatsächlichen" Bauablauf, gegenüberzustellen.

Diese Vorgehensweise lehnt sich, wie zuvor in Abschn. 4.1 „Konkret bauablaufbezogene Darstellung" bereits beschrieben, an die Schadensermittlung im Zivilrecht an. Der Schaden wird hier mit der sogenannten Differenzhypothese ermittelt. Hierbei wird der Schaden ermittelt als die Differenz zwischen dem tatsächlichen Vermögen des Geschädigten und dem Vermögen, das der Geschädigte hypothetisch gehabt hätte, wenn das schädigende Ereignis nicht eingetreten wäre.

Das OLG Dresden hat die Berechnung eines Schadens anhand der Differenzhypothese mit einem Urteil 2012 auf die Berechnung einer Entschädigung aus Bauzeitverlängerung übertragen[11]:

> Entschädigung aus § 642 wird wie Schadensersatz berechnet!
>
> Der Auftragnehmer muss sowohl im Rahmen des § 642 Abs. 1 BGB als auch im Rahmen des § 6 Nr. 6 VOB/B den ihm konkret entstandenen Schaden nachweisen. Das macht eine **vergleichende Darstellung zwischen der Vermögenssituation ohne Verzug und der tatsächlichen Vermögenssituation infolge des Verzugs** erforderlich.
> [Hervorhebung durch die Verfasserin]

Für Bauzeitverlängerungsansprüche ergibt sich aus der Differenzhypothese, dass die Bauzeitverlängerung ebenfalls durch einen Vergleich des Ist-Bauablaufes (entsprechend der „Situation infolge des Verzuges") und dem Ist′-Bauablauf (entsprechend der „Situation ohne Verzug") zu ermitteln sind.

Auch laut einem Urteil des OLG Koblenz aus Dezember 2011 ist nicht der Soll-Bauablauf, sondern der tatsächliche Ist-Bauablauf als Basis für die Darlegung von Behinderungsauswirkungen auf den Bauablauf (auch Auswirkungen der Ausführung von geänderten Leistungen, zusätzlich erforderlichen Leistungen oder Mehrmengen) heranzuziehen[12]:

> Entscheidung
>
> ... Der Anspruch des AN auf Ausgleich nicht gedeckter Gemeinkosten als Folge der Bauzeitverlängerung wird in beiden Instanzen mit folgender Begründung abgelehnt: Es fehlt tatsächlicher Vortrag dazu, wie sich die Massenmehrung vor Ort auf der Baustelle auswirkte und um wie viel länger und mit welchen Folgen die Baustelle aufrechterhalten werden musste. Aus dem bloßen Umstand, dass sich der Zeitaufwand für die Aushubarbeiten deutlich vergrößert hatte, lässt sich nicht ersehen, dass der ursprünglich kalkulierte Gemeinkostenanteil für die Mehrmassen nicht mehr zulänglich gewesen sein könnte.
>
> ...

[11] IBR 2012, 380: RA und FA für Bau- und Architektenrecht Dr. Achim Olrik Vogel; OLG Dresden, Urteil vom 06.01.2012.

[12] IBR 2012, 315: RA Dr. Stefan Althaus; OLG Koblenz, Urteil vom 15.12.2011.

Von *Thode* wurde schon vor Jahren ebenfalls vorgeschlagen, den tatsächlichen Ist-Bauablauf mit dem „hypothetischen Bauablauf, der sich ohne die ... Behinderung ereignet hätte", also dem Ist′-Bauablauf, zu vergleichen[13]:

> Eine an betriebswirtschaftlichen Bedürfnissen orientierte Möglichkeit besteht in dem Vergleich zwischen dem geplanten und dem tatsächlichen Bauablauf.... Ein derartiger Vergleich ist zur Begründung von Ansprüchen des Auftragnehmers gegen den Auftraggeber ungeeignet. Für die rechtliche Aufbereitung von Störfällen ist es im Kontext aller möglichen Anspruchsgrundlagen erforderlich, **den tatsächlichen Bauablauf mit dem hypothetischen Bauablauf zu vergleichen, der sich ohne die in Hinblick auf die jeweilige Anspruchsgrundlage relevante Behinderung ereignet hätte**....
> [Hervorhebung durch die Verfasserin]

Drittler beschreibt die für die Darstellung des Ist′-Bauablaufes zu wählende Vorgehensweise[14]:

> Lege ... auch für Behinderungsereignisse mit Ansprüchen als Vergütung (§ 2 Abs. 5 VOB/B) und Entschädigung (§ 642 BGB) wie bei Ansprüchen auf Schadensersatz die Differenzhypothese (§ 249 BGB) zugrunde.
>
> Arbeite dich am tatsächlichen Bauablauf (Ist) Schritt für Schritt, das heißt Behinderungsereignis für Behinderungsereignis, entlang und setze jeweils auf dem Ist auf. Setze nicht auf jenem auf, das sich in einem Ablauf nach Plan (Soll) unter der Wirkung eines Behinderungsereignisses hätte ergeben können (Soll′). ... Konkrete Ergebnisse liefert die Soll′-Methode grundsätzlich nicht, günstigstenfalls zufällig. Sie arbeitet auf urkalkulativer Basis mit unzulässigen Fiktionen 1. und 2. Grades; ...

Hierbei weist *Drittler* auch darauf hin, dass die Soll-Soll′-Methode nicht geeignet ist, die geforderte „konkret bauablaufbezogene Darstellung" zu liefern, da sie „Fiktionen 1. und 2. Grades" bildet. Denn der Soll-Bauablauf ist eine Fiktion, die durch das Einpflegen von Behinderungen in diesen geplanten Bauablauf zu einer Fiktion 2. Grades führt, die mit dem tatsächlichen Bauablauf nur noch wenig zu tun hat, also der in der Rechtsprechung geforderten konkret bauablaufbezogenen Darstellung nicht entsprechen kann.

In der Anwendung der Ist-Ist′-Methode (sprich: Ist-Ist Strich-Methode) liegt ein weiterer bedeutender Vorteil gegenüber der Soll-Soll′-Methode. Dieser betrifft die Überlagerung von bauzeitverlängernden Einflüssen aus dem Risikobereich des Auftraggebers mit eigenen Störungen aus dem Risikobereich des Auftragnehmers bzw. dessen möglicherweise unzureichender Leistungsbereitschaft:

Nimmt man den Ist-Bauablauf als Grundlage und ermittelt hieraus den Ist′-Bauablauf, also den hypothetischen Bauablauf, wie er ohne die **auftraggeberseitigen** Behinderungen

[13] Prof. Dr. Reinhold Thode (2012), Richter am Bundesgerichtshof a. D., Veröffentlichung zum Braunschweiger Baubetriebsseminar am 24.02.2012: „Nachträge wegen gestörtem Bauablaufs im VOB/B-Vertrag – Eine kritische Bestandsaufnahme".

[14] Dr. Matthias Drittler (2012), ibr-online Blog Eintrag vom 27.02.2012: „Gestörter Bauablauf: Die konkret bauablaufbezogene Untersuchung".

ausgesehen hätte, und stellt diese beiden Bauabläufe gegenüber, um durch den Vergleich die Bauzeitdifferenz als Bauzeitverlängerungsanspruch des Auftragnehmers zu ermitteln, so bleiben in beiden Bauabläufen die **auftragnehmerseitigen** Störungen erhalten.

Der als Differenz zwischen den beiden Bauabläufen, Ist-Bauablauf und Ist′-Bauablauf, ermittelte Bauzeitverlängerungsanspruch enthält somit keinerlei Störungen aus dem Risikobereich des Auftragnehmers, da die Eigen-Störungen des Auftragnehmers in beiden Bauabläufen erhalten bleiben und sich somit nicht in der zwischen beiden Bauabläufen gebildeten Differenz wiederfinden.

Bei dieser Vorgehensweise führen nur Behinderungen aus dem Risikobereich des Auftraggebers zu einem Bauzeitverlängerungsanspruch und es findet keine Vermischung oder Überlagerung mit Störungen statt, die der Auftragnehmer selbst zu vertreten hat.

In der nachfolgenden Abb. 4.1 ist der Vergleich zwischen einem Ist-Bauablauf und dem entsprechenden Ist′-Bauablauf (ohne die aus dem Risikobereich des Auftraggebers stammende Störung) schematisch dargestellt.

Die Störung aus dem Risikobereich des **Auftragnehmers** aus dem Ist-Bauablauf, hier rot dargestellt, bleibt im Ist′-Bauablauf erhalten.

Die Differenz zwischen beiden Bauabläufen, hier grün dargestellt, entspricht der Dauer der auftraggeberseitigen Behinderung, hier im Ist-Bauablauf blau dargestellt.

Die tatsächliche Dauer der Behinderung und die Höhe des Bauzeitverlängerungsanspruches werden dabei nicht zwangsläufig identisch sein.

Es können sich z. B. Überlagerungen von mehreren Behinderungen, Überlagerungen von Behinderungen aus dem Risikobereich des Auftraggebers mit eigenverschuldeten Verzögerungen des Auftragnehmers oder auch eine Änderung des kritischen Weges vom Ist-Bauablauf zum Ist′-Bauablauf auf den Umfang des Bauzeitverlängerungsanspruches auswirken.

Die durch Vergleich des Ist-Bauablaufes („gestörter tatsächlicher" Bauablauf) mit dem Ist′-Bauablauf („hypothetisch ungestörten tatsächlichen" Bauablauf) ermittelte Differenz ergibt den Bauzeitverlängerungsanspruch des Auftragnehmers.

„Ungestört" bedeutet hier: Um Störungen aus dem Risikobereich des Auftraggebers bereinigt. Störungen aus dem Risikobereich des Auftragnehmers bleiben erhalten.

Der so ermittelte Zeitraum ist an den vertraglich vereinbarten Fertigstellungstermin anzuhängen.

Beispiel A (vertraglicher Fertigstellungstermin = 20. März 2015)

Eine Baumaßnahme wird am 10. Juli 2015 fertig gestellt. Durch Anwendung der Ist-Ist′-Methode ermitteln Sie, dass der hypothetisch ungestörte Bauablauf, ohne die Störungen des Bauablaufes aus dem Risikobereich Ihres Auftraggebers, bereits am 10. April 2015 geendet hätte.

Die Differenz zwischen der tatsächlichen Ist-Bauzeit (bis 10. Juli 2015) und der Ist′-Bauzeit (bis 10. April 2015) ist Ihr Bauzeitverlängerungsanspruch (hier: Drei Monate, vom 10. April 2015 bis 10. Juli 2015).

Nr.	Bezeichnung	Start	Dauer	Ende
1	**Ist-Bauablauf**	**04.03.2013**	**257t**	**25.02.2014**
2	Vorgang 1	04.03.2013	38t	24.04.2013
3	Vorgang 2	25.04.2013	27t	31.05.2013
4	Vorgang 3	03.06.2013	36t	22.07.2013
5	Störung aus Risikobereich AN	23.07.2013	36t	10.09.2013
6	Vorgang 4	11.09.2013	13t	27.09.2013
7	Vorgang 5	30.09.2013	29t	07.11.2013
8	Behinderung aus Risikobereich AG	08.11.2013	38t	31.12.2013
9	Vorgang 6	01.01.2014	26t	05.02.2014
10	Vorgang 7	06.02.2014	14t	25.02.2014
11	**Ist'-Bauablauf**	**04.03.2013**	**219t**	**02.01.2014**
12	Vorgang 1	04.03.2013	38t	24.04.2013
13	Vorgang 2	25.04.2013	27t	31.05.2013
14	Vorgang 3	03.06.2013	36t	22.07.2013
15	Störung aus Risikobereich AN	23.07.2013	36t	10.09.2013
16	Vorgang 4	11.09.2013	13t	27.09.2013
17	Vorgang 5	30.09.2013	29t	07.11.2013
18	Vorgang 6	08.11.2013	26t	13.12.2013
19	Vorgang 7	16.12.2013	14t	02.01.2014
20	Differenz Ist-Ist'-Bauablauf	03.01.2014	38t	25.02.2014

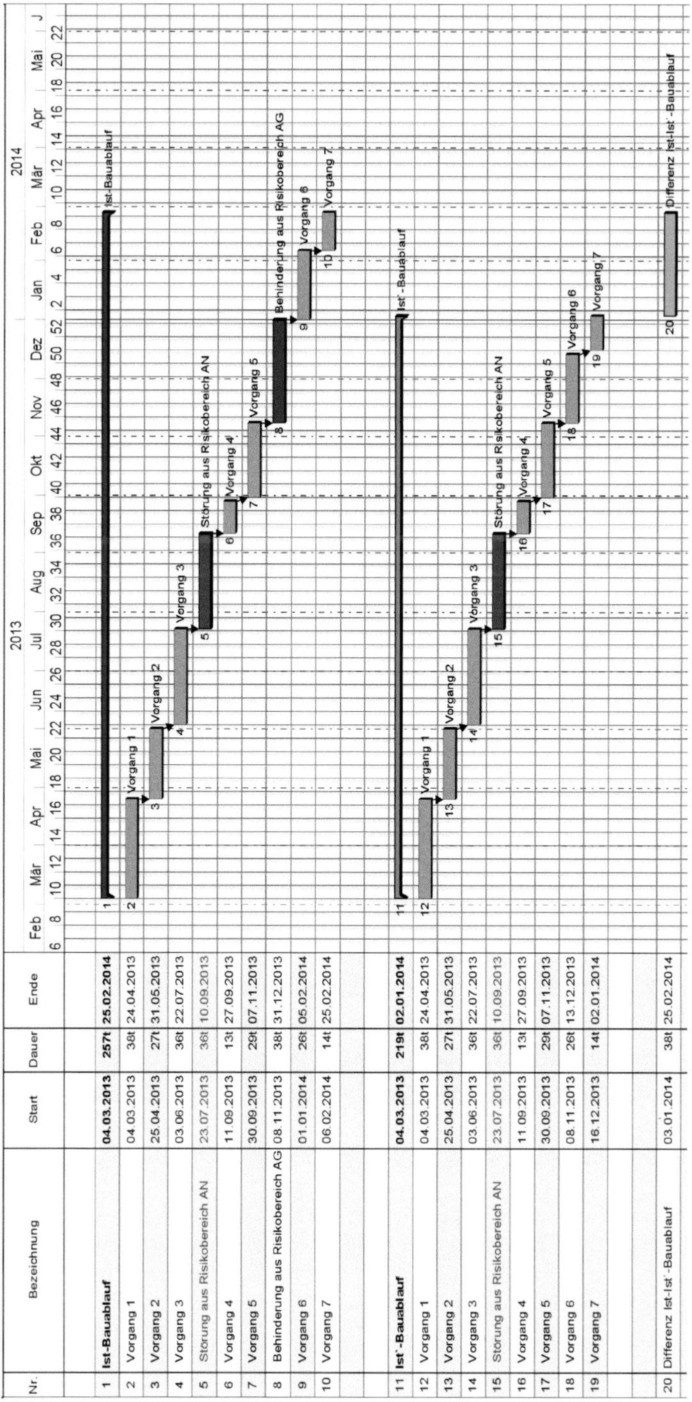

Abb. 4.1 Schematische Darstellung Ist-Bauablauf und Ist′-Bauablauf

Ihr vertraglicher Fertigstellungstermin wäre der 20. März 2015 gewesen. Hängen Sie also Ihren Bauzeitverlängerungsanspruch von drei Monaten an den vertraglichen Fertigstellungstermin an, hätten Sie die Baumaßnahme am 20. Juni 2015 abschließen müssen. Die Zeit nach dem 20. Juni 2015 bis zur tatsächlichen Fertigstellung am 10. Juli 2015 geht somit zu Ihren eigenen Lasten und ist nicht auf Störungen aus dem Risikobereich des Auftraggebers zurückzuführen.

Beispiel B (vertraglicher Fertigstellungstermin = 15. April 2015)

Ihr vertraglicher Fertigstellungstermin wäre der 15. April 2015 gewesen. Hängen Sie Ihren wie oben ermittelten Bauzeitverlängerungsanspruch von drei Monaten an den vertraglichen Fertigstellungstermin an, hätten Sie die Baumaßnahme am 15. Juli 2015 abschließen müssen. Tatsächlich haben Sie die Baumaßnahme bereits am 10. Juli 2015 fertig gestellt, so dass Ihr Bauzeitverlängerungsanspruch über die tatsächlich von Ihnen benötigte Bauzeit hinausgeht (tatsächliche Bauzeit bis 10. Juli 2015, Bauzeitverlängerungsanspruch bis 15. Juli 2015).

Hiermit wird gleichzeitig der Nachweis angetreten, dass Sie die vertragliche Bauzeit mit den von Ihnen eingesetzten Ressourcen eingehalten hätten.

4.3 Anspruch auf mehr Bauzeit, Vergütung der resultierenden Mehrkosten oder Abwehr einer Vertragsstrafe

Die Darlegung Ihres Anspruches auf Bauzeitverlängerung ist unter Umständen aufwändig, dennoch werden Sie in den meisten Fällen um die aufwändige Aufarbeitung der Sachverhalte und aufwändige Ermittlung und Darlegung Ihres Anspruches nicht herum kommen.

Nicht immer muss es so sein, dass Sie auf Basis Ihres ermittelten Anspruches auf Bauzeitverlängerung hierfür zeitabhängige Kosten, also z. B. zusätzliche Baustellengemeinkosten in der verlängerten Bauzeit, gelten machen wollen.

Auch zur Abwehr einer Vertragsstrafe gelten annähernd die gleichen rechtlichen Anforderungen wie an die Darlegung Ihres Anspruches auf mehr Bauzeit.

Hierzu wird nachfolgend ein Urteil des OLG Brandenburg vom 18.01.2012 zitiert, wonach der Anspruch des Auftraggebers auf eine Vertragsstrafe entfällt, wenn der Auftragnehmer darlegen und beweisen kann, dass er die Verzögerung nicht zu vertreten hat[15]:

> Zur Abwehr einer Vertragsstrafe muss der Auftragnehmer Bauablaufstörungen darlegen!
>
> ...
>
> 3. Ein Vertragsstrafenanspruch wegen Verzugs entfällt, wenn der Auftragnehmer darlegen und beweisen kann, dass er die Verzögerung nicht zu vertreten hat. Hierfür ist die Darlegung erforderlich, dass und in welchem zeitlichen Umfang (Beginn und Ende) der Auftragnehmer an der Erbringung seiner Leistungen gehindert war.
>
> ...

[15] IBR 2013, 407: Dr. Andreas Berger; OLG Brandenburg, Urteil vom 18.01.2012.

Entscheidung

... Für ein fehlendes Verschulden an der Terminüberschreitung müsse sich hingegen der AN entlasten. Dazu genüge es nicht, fehlende Vorunternehmerleistungen zu behaupten. **Vielmehr müsse konkret dargelegt werden, ob und gegebenenfalls in welchem Umfang der AN tatsächlich behindert gewesen sei, wie lange diese Behinderungen dauerten und inwieweit sich deshalb der Fertigstellungstermin tatsächlich nach hinten verschoben habe.**

Praxishinweis

... Entsprechend der sog. „Behinderungsschaden"-Rechtsprechung des BGH kann eine Entlastung für die Terminüberschreitung **nur durch eine konkrete bauablaufbezogene Darstellung der Behinderung und ihrer Auswirkungen** gelingen.
[Hervorhebung durch die Verfasserin]

Es wird auch hier, wenn „nur" eine Vertragsstrafe abgewehrt werden soll, eine bauablaufbezogene Darstellung der Behinderung gefordert. Das heißt die Anforderung an die Darlegung und den Beweis Ihres Anspruches auf Bauzeitverlängerung sind auch zur Abwehr einer Vertragsstrafe die gleichen wie bei der Geltendmachung eines Anspruches auf Bauzeitverlängerung und der aus der Bauzeitverlängerung resultierenden Mehrkosten.

In einem Urteil vom 08.04.2014 wurde vom KG Berlin dementsprechend entschieden, dass zwar infolge von eingetretenen Änderungen, Nachträgen und Behinderungen vom Auftraggeber keine Vertragsstrafe mehr verlangt werden kann, jedoch muss die jeweilige Behinderungstatsache und deren Auswirkung auf den Bauablauf vom Auftragnehmer nachgewiesen werden[16]:

Gestörter Bauablauf: Auftraggeber kann keine Vertragsstrafe verlangen!

1. Eine Vertragsstrafe ist nicht verwirkt, wenn es aufgrund von statischen Änderungen und Behinderungen zu erheblichen Verzögerungen gekommen ist und dadurch die durchgreifende Neuorganisation des Bauablaufs erforderlich wurde.

...

Problem/Sachverhalt

... Im Zuge der Schlussrechnungsprüfung zieht der AG die vereinbarte Vertragsstrafe ab.

Entscheidung

Zu Unrecht! Die Vertragsstrafe sei nicht verwirkt, da es **infolge der zahlreichen nachträglichen statischen Änderungen, Nachträge und Behinderungen** hier zu einer „durchgreifenden Neuorganisation des Bauablaufs" gekommen sei. Deshalb hätten die Parteien einen neuen Vertragstermin zur Fertigstellung des Bauvorhabens vereinbaren müssen. ...

Praxishinweis

Dass eine durchgreifende Neuordnung der Terminplanung zu einem nachträglichen Entfall der Vertragsstrafe führt, entspricht gefestigter höchstrichterlicher Rechtsprechung (vgl. BGH, IBR 1993, 368). ... Ein „Anspruch auf Berücksichtigung der hindernden Umstände", also ein Anspruch auf mehr Bauzeit als vereinbart, setzt nach § 6 Abs. 1 VOB/B voraus, dass der AN eine Behinderung unverzüglich schriftlich angezeigt hat oder die Behinderung „offenkundig" war. „Offenkundig" muss nach § 6 Abs. 1 VOB/B **nicht nur die Behinderungstatsache (Störung) sein, sondern gerade auch „deren hindernde Wirkung". Gerade diese behindernde Auswirkung ist, jedenfalls bezogen auf die Gesamtbauzeit, für den**

[16] IBR 2014, 468: Dr. Andreas Berger; KG Berlin, Urteil vom 08.04.2014.

AG häufig nicht offenkundig. Indes: Wenn der AN tatsächlich durch seinen AG behindert wird und es ihm deshalb rein faktisch nicht möglich ist, den Fertigstellungstermin einzuhalten, kann dem AN hieraus kein Vorwurf gemacht werden. … **Spätestens wenn er vom AG Behinderungsschadensersatz verlangt, muss der konkrete Ist-Bauablauf sorgfältig dokumentiert worden sein.**

Literatur

Drittler, Matthias: Nachträge und Nachtragsprüfung beim Bau- und Anlagenbauvertrag 2010, Werner Verlag

Ganten/Jansen/Voit: Beck'scher VOB-Kommentar, 3. Auflage 2013, Verlag C. H. Beck

Kapellmann/Schiffers: Vergütung, Nachträge und Behinderungsfolgen beim Bauvertrag, 6. Auflage 2011, Werner Verlag

Roquette/Viering/Leupertz: Handbuch Bauzeit, 2. Auflage 2013, Werner Verlag

Vygen/Joussen/Schubert/Lang: Bauverzögerung und Leistungsänderung. Rechtliche und baubetriebliche Probleme und ihre Lösungen., 6. Auflage 2011, Werner Verlag

VOB Vergabe- und Vertragsordnung für Bauleistungen, Ausgabe 2012, herausgegeben im Auftrag des Deutschen Vergabe- und Vertragsausschusses für Bauleistungen

Zeitschrift IBR Immobilien- und Baurecht bzw. ibr-online.de, Datenbank für. Bau-, Vergabe- und Immobilienrecht, Verlag C. H. Beck, IBR 2013, 407; IBR 2012, 2039; IBR 2012, 380; IBR 2012, 75; IBR 2011, 394

Zeitschrift IBR Immobilien- und Baurecht bzw. ibr-online.de, Datenbank für. Bau-, Vergabe- und Immobilienrecht, Verlag C. H. Beck, IBR 2010, 437: RA und FA für Bau- und Architektenrecht Dr. Guido Schulz; KG Berlin, Beschluss vom 13.02.2009

Zeitschrift IBR Immobilien- und Baurecht bzw. ibr-online.de, Datenbank für. Bau-, Vergabe- und Immobilienrecht, Verlag C. H. Beck, IBR 2015, 121: RA Dr. Stefan Althaus; OLG Köln, Beschluss vom 27.10.2014

Zeitschrift IBR Immobilien- und Baurecht bzw. ibr-online.de, Datenbank für. Bau-, Vergabe- und Immobilienrecht, Verlag C. H. Beck, IBR 2012, 76: RA und FA für Bau- und Architektenrecht Prof. Dr. Ralf Leinemann; KG Berlin, Urteil vom 19.04.2011

Zeitschrift IBR Immobilien- und Baurecht bzw. ibr-online.de, Datenbank für. Bau-, Vergabe- und Immobilienrecht, Verlag C. H. Beck, IBR 2014, 725: RA Stephan Bolz; OLG Hamm, Urteil vom 19.06.2012

Zeitschrift IBR Immobilien- und Baurecht bzw. ibr-online.de, Datenbank für. Bau-, Vergabe- und Immobilienrecht, Verlag C. H. Beck, IBR 2012, 75 und 76: KG Berlin, Urteil vom 19.04.2011

Zeitschrift IBR Immobilien- und Baurecht bzw. ibr-online.de, Datenbank für. Bau-, Vergabe- und Immobilienrecht, Verlag C. H. Beck, IBR 2012, 380: RA und FA für Bau- und Architektenrecht Dr. Achim Olrik Vogel; OLG Dresden, Urteil vom 06.01.2012

Zeitschrift IBR Immobilien- und Baurecht bzw. ibr-online.de, Datenbank für. Bau-, Vergabe- und Immobilienrecht, Verlag C. H. Beck, IBR 2012, 315: RA Dr. Stefan Althaus; OLG Koblenz, Urteil vom 15.12.2011

Zeitschrift IBR Immobilien- und Baurecht bzw. ibr-online.de, Datenbank für. Bau-, Vergabe- und Immobilienrecht, Verlag C. H. Beck, Dr. Matthias Drittler, ibr-online Blog Eintrag vom 27.02.2012: „Gestörter Bauablauf: Die konkret bauablaufbezogene Untersuchung"

Zeitschrift IBR Immobilien- und Baurecht bzw. ibr-online.de, Datenbank für. Bau-, Vergabe- und Immobilienrecht, Verlag C. H. Beck, IBR 2013, 407: Dr. Andreas Berger; OLG Brandenburg, Urteil vom 18.01.2012

Zeitschrift IBR Immobilien- und Baurecht bzw. ibr-online.de, Datenbank für. Bau-, Vergabe- und Immobilienrecht, Verlag C. H. Beck, IBR 2014, 468: Dr. Andreas Berger; KG Berlin, Urteil vom 08.04.2014

Thode, Reinhold: „Nachträge wegen gestörtem Bauablaufs im VOB/B-Vertrag – Eine kritische Bestandsaufnahme“ (Veröffentlichung zum Braunschweiger Baubetriebsseminar am 24.02.2012)

Teil II

Darlegung Ihres Anspruches gegenüber dem Auftraggeber

5 Einleitung zu Teil II

Bei der Darstellung eines Bauzeitverlängerungsanspruches sollten Sie in zwei Abschnitten vorgehen bzw. eine entsprechende Ausarbeitung und Aufbereitung Ihrer Ansprüche hierzu sollte in zwei Teile unterteilt werden:

Teil A „Sachverhalt" und Teil B „Anspruchshöhe".

Teil A „Sachverhalt" sollte die sogenannte „anspruchsbegründende Kausalität" beinhalten. Hier ist zu beschreiben, **warum** ein Anspruch des Auftragnehmers auf Bauzeitverlängerung besteht. D. h. es wird ermittelt, **ob überhaupt** ein Anspruch besteht.

Teil B „Anspruchshöhe" sollte die sogenannte „anspruchsausfüllende Kausalität" beinhalten. Hier ist zu ermitteln, **in welcher Höhe** ein Anspruch auf Bauzeitverlängerung besteht.

Diese Trennung bei der Ermittlung des Bauzeitverlängerungsanspruches in Teil A und B wird vorgeschlagen, da zunächst die Anspruchsbegründung (Teil A) die Basis für die Ermittlung der Anspruchshöhe (Teil B) liefert.

Hält die Anspruchsbegründung einer juristischen bzw. gerichtlichen Prüfung nicht stand, ist die Ermittlung der Anspruchshöhe hinfällig.

Diese Trennung zwischen Anspruchsbegründung und Ermittlung der Anspruchshöhe ergibt sich auch aus entsprechender Rechtsprechung des BGH, wonach die Darlegung des Anspruchs- bzw. Haftungsgrundes als Vollbeweis nach § 286 ZPO erfolgen muss, aber die Anspruchshöhe nach § 287 ZPO geschätzt werden darf[1]:

Gestörter Bauablauf: Was muss Auftragnehmer vor Gericht vortragen?

1. Soweit die Behinderung darin besteht, dass bestimmte Arbeiten nicht oder nicht in der vorgesehenen Zeit durchgeführt werden können, ist sie nach allgemeinen Grundsätzen der Darlegungs- und Beweislast zu beurteilen. **Der Auftragnehmer hat deshalb darzulegen**

[1] IBR 2005, 247: RA Dr. Achim Olrik Vogel ; BGH, Urteil vom 24.02.2005.

N. Baschlebe, *Ansprüche auf Bauzeitverlängerung erkennen und durchsetzen*,
DOI 10.1007/978-3-658-10354-5_5

und nach § 286 ZPO Beweis dafür zu erbringen, wie lange die konkrete Behinderung andauerte.

2. Dagegen sind weitere Folgen der konkreten Behinderung **nach § 287 ZPO zu beurteilen**, soweit sie nicht mehr zum Haftungsgrund gehören, **sondern dem durch die Behinderung erlittenen Schaden zuzuordnen** sind. Es unterliegt deshalb der **einschätzenden Bewertung** durch den Tatrichter, inwieweit eine konkrete Behinderung von bestimmter Dauer zu einer Verlängerung der gesamten Bauzeit geführt hat, weil sich Anschlussgewerke verzögert haben.

[Hervorhebung durch die Verfasserin]

Dies bedeutet: Dass Sie einen Anspruch auf Bauzeitverlängerung haben, müssen Sie beweisen. Die Dauer der Bauzeitverlängerung, d. h. Höhe des Bauzeitverlängerungsanspruches, dürfen Sie abschätzen.

Somit ist der Nachweis, dass die zu erfüllenden Anspruchsvoraussetzungen alle erfüllt sind, unerlässlich.

Die sich aus dem jeweiligen Störungssachverhalt (Behinderung, zusätzlich erforderliche Leistung, geänderte Leistung, Mengenänderung) ergebende Dauer der Bauzeitverlängerung, darf dann sozusagen „geschätzt" werden.

Natürlich sind auch hierbei bestimmte Anforderungen zu erfüllen.

Die für Sie wichtigste Schlussfolgerung hieraus ist jedoch diese: Wenn Sie nicht **beweisen** können, dass Sie einen Anspruch auf Bauzeitverlängerung haben, brauchen Sie den zweiten Schritt, die Ermittlung der Dauer der Ihnen zustehenden Bauzeitverlängerung, nicht mehr zu machen.

(Zumindest wird Ihnen keine gerichtsfeste Darlegung Ihres Anspruches gelingen, wenn nicht sämtliche Anspruchsvoraussetzungen erfüllt sind. „Taktieren" gegenüber dem Auftraggeber kann man immer, auch wenn man weiß, dass die eine oder andere Anspruchsvoraussetzung nicht erfüllt ist.)

Dies ist eigentlich vollkommen logisch, wird aber in der Praxis häufig übersehen. Allzu oft werden Ansprüche auf Bauzeitverlängerung bereits mit einem gewissen Aufwand der Höhe nach ermittelt, ohne vorher die Erfüllung aller Anspruchsvoraussetzungen nachgewiesen zu haben.

Wenn Sie die Erfüllung der beschriebenen Anspruchsvoraussetzungen nicht nachweisen können, dann können Sie sich jegliche weitere Arbeit in Hinblick auf Ihren Anspruch auf Bauzeitverlängerung sparen.

In den nachfolgenden Kapiteln

Kap. 6 „Leitfaden, Teil A: Darlegung, dass ein Anspruch besteht"

und

Kap. 7 „Leitfaden, Teil B: Darlegung, in welcher Höhe ein Anspruch besteht" ist nun auf Basis der zuvor in den Kap. 1–4 vermittelten Grundlagen dargestellt, wie Sie zur Ermittlung Ihres Anspruches auf Bauzeitverlängerung und Darlegung dieses Anspruches gegenüber Ihrem Auftraggeber konkret vorgehen sollten.

Die hierbei im Detail beschriebene Vorgehensweise gliedert sich in folgende Punkte:

6. Leitfaden, Teil A: Darlegung, dass ein Anspruch besteht

6.1 Beschreibung der Ursachen der Bauzeitverlängerung jeweils mit Bau-Soll, Bau-Ist und Fazit

6.2 Darstellung von Ist-Bauzeit und Ist-Bauablauf sowie des kritischen Weges im Ist-Bauablauf

6.3 Nachweis, dass die beschriebenen Störungssachverhalte kausal zu einer Veränderung der Bauzeit geführt haben

6.4 Ermittlung des Ist′-Bauablaufes (kritischer Weg) für jeden Störungssachverhalt mit Bestimmung der Bauzeitverlängerung als Differenz zwischen Ist und Ist′

6.5 Nachweis der eigenen Leistungsbereitschaft

7. Leitfaden, Teil B: Darlegung, in welcher Höhe ein Anspruch besteht

7.1 Darstellung des resultierenden Ist′-Bauablaufes unter Berücksichtigung aller Störungen (gleichzeitig)

7.2 Ermittlung des Bauzeitverlängerungsanspruches als Differenz zwischen resultierendem Ist′-Bauablauf und Ist-Bauablauf

In Kap. 8 „Beispiel, Teil A: Sachverhalt“ und Kap. 9 „Beispiel, Teil B: Anspruchshöhe“ finden Sie dann ein Beispiel für die Anwendung des Leitfadens auf eine Baumaßnahme mit erheblich gestörten Bauablauf, mit Ermittlung der Dauer des Bauzeitverlängerungsanspruches.

6 Leitfaden, Teil A: Anspruchsbegründung (Darlegung, dass ein Anspruch besteht)

6.1 Beschreibung der Ursachen der Bauzeitverlängerung jeweils mit Bau-Soll, Bau-Ist und Fazit

Hier sind die „Behinderungen“ (Behinderungen, Ausführung von geänderten Leistungen, Ausführung von zusätzlich erforderlichen Leistungen, Ausführung von Mehrmengen), die zur Bauzeitverlängerung geführt haben, zu identifizieren und die jeweiligen Sachverhalte sind anhand der vorliegenden Baustellen-Dokumentation zu beschreiben.

Es hat sich bewährt, zu jedem Störungssachverhalt folgende Punkte zu erläutern:

- Bau-Soll: Wie hätte der Bauablauf erfolgen sollen bzw. ohne die Störung erfolgen können?
- Bau-Ist: Welcher Bauablauf hat sich aufgrund der Störung tatsächlich eingestellt?
- Fazit: Welche Konsequenz (zeitliche Verschiebung) hat sich hieraus ergeben?

Bei der Beschreibung von Bau-Soll, Bau-Ist und des hieraus resultierenden Fazits ist zu erläutern, welche Anspruchsgrundlage zugrunde gelegt wird, siehe Kap. 2 „Anspruchsgrundlagen“.

Basierend darauf ist darzulegen, dass die Anspruchsvoraussetzungen, die die jeweilige Anspruchsgrundlage verlangt, erfüllt werden, siehe Kap. 3 „Anspruchsvoraussetzungen“.

Nachfolgend stehen die Begriffe „Behinderung“ oder „Störung“ immer auch sinngemäß für die Ausführung von geänderten Leistungen, Ausführung von zusätzlich erforderlichen Leistungen und Ausführung von Mehrmengen.

Es wurde hierzu in Kap. 2 umfassend erläutert, dass auch geänderte Leistungen, zusätzlich erforderliche Leistungen und Mehrmengen eine Störung im Bauablauf darstellen können und im Sinne einer Behinderung zu einem Anspruch auf Bauzeitverlängerung für den Auftragnehmer führen können.

N. Baschlebe, *Ansprüche auf Bauzeitverlängerung erkennen und durchsetzen*,
DOI 10.1007/978-3-658-10354-5_6

a) Bau-Soll

Beschreibung, wann die von der „Behinderung" (Behinderung, geänderte Leistung, zusätzlich erforderliche Leistung, Mehrmenge) betroffene Leistung hätte ausgeführt werden sollen und können.

Es ist auf Ihre Leistungsfähigkeit als Auftragnehmer in Hinblick auf den geplanten Soll-Bauablauf einzugehen, nämlich dass die Soll-Ausführungsdauer der von der Behinderung betroffenen Leistung grundsätzlich tatsächlich hätte eingehalten werden können bzw. die ohne die Behinderung erreichbare kürzere Ausführungsdauer der betroffenen Leistung ist zu bestimmen.

„Soll-Bauablauf" und „Soll-Ausführungsdauer" bezieht sich hierbei nicht zwangsläufig bzw. nur indirekt auf die Angabe der Ausführungsdauer im vertraglich vereinbarten Soll-Bauablaufplan.

Sie können entweder nachweisen, dass Sie die von Ihnen geplante und im Soll-Bauablaufplan angegebene Ausführungsdauer mit den der Baustelle tatsächlich zur Verfügung stehenden Ressourcen eingehalten hätten, oder Sie können ermitteln, welche Ausführungsdauer sich für die von der Störung betroffene Leistung tatsächlich eingestellt hätte, wenn diese Störung im Bauablauf nicht eingetreten wäre.

Diese Dauer kann u. U. sogar kürzer sein, als die von Ihnen im Soll-Bauablaufplan angegebene Dauer. Die Ausführungsdauer der betroffenen Leistung kann sich jedoch auch als länger herausstellen, als dies von Ihnen im Soll-Bauablaufplan ursprünglich angegeben wurde, weil erfahrungsgemäß Soll-Bauablaufpläne unter starkem Zeitdruck erstellt werden und die hier angegebenen einzelnen Ausführungsdauern meist nur grob abgeschätzt werden.

Beispiel

Mit den vor Ort tatsächlich eingesetzte Ressourcen, nämlich xxx, hätten die Arbeiten innerhalb von x Arbeitstagen ausgeführt werden können.

Im Idealfall kann anhand eines Referenzbereiches die Leistungsfähigkeit und tatsächlich mögliche Leistung nachgewiesen werden.

Beispiel

Der Ist-Bauablauf zeigt, dass bei ungestörtem Bauablauf mit den vorhandenen x Mitarbeitern/Geräten im Zeitraum xxx [Datum bis Datum] eine Leistung von xxx [Einheit pro Zeiteinheit] erzielt wurde. Die von der Behinderung betroffene Leistung hätte somit bei ungestörtem Bauablauf in x Arbeitstagen ausgeführt werden können.

b) Bau-Ist

Beschreibung, wann die von der „Behinderung" (Behinderung, geänderte Leistung, zusätzlich erforderliche Leistung, Mehrmenge) betroffene Leistung tatsächlich ausgeführt wurde; Nachweis anhand von Bautagesberichten o. ä.

Aus der Beschreibung des Bau-Ist muss ersichtlich sein, welche Anspruchsgrundlage zugrunde gelegt wird und dass die entsprechenden Anspruchsvoraussetzungen erfüllt wurden – wenn auch die Begriffe „Anspruchsgrundlage“ und „Anspruchsvoraussetzungen“ nicht explizit genannt werden müssen.

c) Fazit

Beschreibung, zu welcher zeitlichen Auswirkung die „Behinderung“ (Behinderung, geänderte Leistung, zusätzlich erforderliche Leistung, Mehrmenge) geführt hat.

Beispiel

Die Arbeiten hätten am xxx [Datum] beginnen können bzw. im Zeitraum xxx [Datum bis Datum] ausgeführt werden können. Die Arbeiten begannen tatsächlich erst am xxx [Datum] bzw. dauerten über den Zeitraum xxx [Datum bis Datum] an. Der Störungszeitraum umfasst die Zeit von xxx [Datum] bis [Datum].

6.2 Darstellung von Ist-Bauzeit und Ist-Bauablauf sowie des kritischen Weges im Ist-Bauablauf

Anhand von Bautagesberichten, Baubesprechungsprotokollen, Baustellenfotos etc. ist der Ist-Bauablauf zu rekonstruieren und in einem Bauzeitenplan (idealerweise als Balkenplan) darzustellen. Die Ist-Bauzeit ist festzustellen. Der dargestellte Ist-Bauablauf ist schriftlich zu erläutern.

Aus dem Ist-Bauablauf ist der kritische Weg zu ermitteln.

Denn zur Beantwortung der Frage, ob eine Störung die Bauzeit beeinflusst, ist die Kenntnis des kritischen Weges notwendig.

Der kritische Weg umfasst solche Bauleistungen, die bei gedachter Eliminierung zwangsweise zu einer Verkürzung der Bauzeit führen. Verändert sich die Ausführungszeit von Vorgängen auf dem kritischen Weg, so ändert sich automatisch die Bauzeit.

Der Ist-Bauablauf ist auf die Vorgänge zu reduzieren, die auf dem kritischen Weg liegen, die also Einfluss auf die Gesamtbauzeit haben und bei deren Änderung (Verkürzung oder Verlängerung der Vorgangsdauer, Verschiebung des Vorgangs) sich eine Änderung der Gesamtbauzeit ergibt.

Die Abfolge der Arbeiten auf dem kritischen Weg ist schriftlich zu erläutern, um im Weiteren den Einfluss eingetretener Behinderung auf eben diese Arbeiten des kritischen Weges darstellen zu können.

Hinweis: Bei Reduzierung des anhand der Baustellendokumentation ermittelten und im Bauablaufplan dargestellten Ist-Bauablaufes auf den „kritischen Weg“ werden zunächst ggf. Vorgänge nicht weiter berücksichtigt, die später aber wieder Relevanz erlangen können. Das heißt der „kritische Weg“ kann sich im Laufe der weiteren Bearbeitung bei unterschiedlicher Betrachtungsweise ändern.

In den nachfolgenden Schritten werden die einzelnen Störungssachverhalte auf dem kritischen Weg jeweils aus dem Bauablaufplan entfernt. Hierbei kann sich der kritische Weg ändern, so dass Sie bitte für die weitere Bearbeitung des Bauablaufplanes „kritischer Weg" den tatsächlichen Gesamt-Ist-Bauablauf nicht aus den Augen verlieren.

6.3 Nachweis, dass die beschriebenen Störungssachverhalte kausal zu einer Veränderung der Bauzeit geführt haben

Entsprechend der herrschenden Meinung und der aktuellen Rechtsprechung ist in jedem Einzelfall nachzuweisen, dass es durch die „Behinderung" bzw. Störung im Bauablauf (Behinderung, geänderte Leistung, zusätzlich erforderliche Leistung, Mehrmenge) zu einer Bauzeitverlängerung gekommen ist.

Somit ist für jede einzelne Bauablaufstörung zu untersuchen, wie sich diese konkret auf den weiteren Bauablauf ausgewirkt hat, d. h. für jeden Sachverhalt ist darzustellen, inwieweit sich die Ausführungszeit einzelner von der Störung betroffener Vorgänge verlängert bzw. verschoben hat.

Weiterhin ist zu untersuchen, ob die jeweilige Behinderung geeignet ist, Einfluss auf die Gesamtbauzeit zu nehmen. Hier ist darzulegen, ob die Behinderung das Bauzeitende verschiebt. Das heißt vom Ist-Bauablauf aus betrachtet müsste sich die Bauzeit ohne die Behinderung reduzieren und der Gesamtfertigstellungstermin nach vorne verschieben.

Sind beide Kriterien erfüllt (Verlängerung der Ausführungsdauer des einzelnen Vorgangs durch die Bauablaufstörung oder Verschiebung der Ausführungszeit des Vorganges aufgrund der Bauablaufstörung sowie daraus resultierende Verschiebung des Gesamtfertigstellungstermins), ist der Nachweis erbracht, dass die jeweilige Störung einen kausalen Einfluss auf die Bauzeit hatte.

Dieser Kausalitätsnachweis für die jeweilige „Behinderung" bzw. Bauablaufstörung kann zusammen mit der Darstellung des Ist′-Bauablaufes erfolgen, da sich eine Differenz zwischen Ist-Bauablauf und Ist′-Bauablauf nur dann ergibt, wenn die zu untersuchende Bauablaufstörung auf dem kritischen Weg liegt und die Kausalität der Verlängerung der Gesamtbauzeit gegeben ist (vgl. nachfolgend „Ermittlung des Ist′-Bauablaufes für jeden Störungssachverhalt").

6.4 Ermittlung des Ist′-Bauablaufes (kritischer Weg) für jeden Störungssachverhalt mit Bestimmung der Bauzeitverlängerung als Differenz zwischen Ist und Ist′

Für jeden einzelnen zu untersuchenden Störungssachverhalt, also jede „Behinderung", die auf dem kritischen Weg liegt, ist die Differenz zwischen dem Ist-Bauablauf und dem Ist′-Bauablauf, also dem hypothetischen Bauablauf ohne diese Behinderung, einzeln zu ermitteln.

Der Ist-Bauablauf und der entsprechende Ist′-Bauablauf ohne die jeweilige Behinderung sind anhand von Bauablaufplänen (Balkenplänen, ggf. Zeit-Wege-Diagrammen) darzustellen und schriftlich zu erläutern.

Beispiel

Wäre die Behinderung des Bauablaufes durch xxx nicht aufgetreten, hätten die Arbeiten bereits am xxx [Datum] beginnen und bis zum xxx [Datum] abgeschlossen werden können. Der Gesamtfertigstellungstermin wäre der xxx [Datum] gewesen.

Hier nehmen Sie Ihren tatsächlichen Ist-Bauablaufplan (Balkenplan), den Sie anhand Ihrer Baustellendokumentation erstellt haben, als Grundlage, stellen hieraus den kritischen Weg dar und nehmen den Vorgangsbalken des zuvor ermittelten und beschriebenen Störungssachverhaltes heraus. Diese „Störungsvorgänge" können Vorgänge im Bauablaufplan sein, die die Ausführung einer Mehrmenge oder Nachtragsleistung darstellen oder es kann ein Behinderungszeitraum sein, der den Beginn einer nachfolgenden Leistung verschoben hat.

Nachfolgende Vorgänge, deren Ausführungsbeginn sich durch die „Behinderung" nach hinten verschoben hat, werden sich nach vorne verschieben, da Sie den „Behinderungsvorgang" aus dem Bauablaufplan löschen.

Bei Vorgängen im Ist-Bauablauf, deren Dauer durch die „Behinderung" beeinflusst wurde, reduzieren Sie die Dauer entsprechend. Sie erhalten eine kürzere Ausführungsdauer der von der „Behinderung" betroffenen Vorgänge.

Folgendes müssen Sie herausarbeiten und darstellen: Welche Dauer hätte der von der auftraggeberseitigen Störung betroffene Vorgang ohne diese Störung, aber auch unter Berücksichtigung Ihrer tatsächlichen bzw. nachweislichen Leistungsfähigkeit, gehabt? In welcher Zeit hätten Sie als Auftragnehmer die von der Bauablaufstörung betroffene Leistung ausführen können, wenn die Bauablaufstörung nicht aufgetreten wäre?

Beachten Sie hierbei auch das Thema „Leistungsfähigkeit". Die Grundlagen hierzu wurden in Abschn. 3.3 „Leistungsbereitschaft und Leistungsfähigkeit" des Auftragnehmers beschreiben.

Weitere Erläuterungen hierzu finden Sie auch nachfolgend unter Abschn. 6.5 „Nachweis der eigenen Leistungsbereitschaft", denn es muss sowohl Ihre Leistungsbereitschaft bei Eintritt der Behinderung nachgewiesen werden (um überhaupt einen Anspruch auf Bauzeitverlängerung zu haben), als auch Ihre Leistungsfähigkeit (um ermitteln zu können, welchen zeitlichen Einfluss die Behinderung hatte).

Differenz zwischen Ist-Bauzeit und Ist′-Bauzeit

Die zeitliche Differenz zwischen Ist-Bauzeit und Ist′-Bauzeit ist anhand von Ist- und Ist′-Bauablaufes zu ermitteln.

Dadurch, dass Sie einen „Behinderungsvorgang" aus dem Ist-Bauablaufplan, den Sie idealerweise als Balkenplan dargestellt haben, löschen, verschieben sich alle nachfolgenden Vorgänge nach vorne bzw. auch Vorgangsdauern können sich verkürzen, und der Gesamtfertigstellungstermin verschiebt sich automatisch nach vorne.

Ohne die „Behinderung" wäre die Fertigstellung im hypothetisch ungestörten Ist′-Bauablauf früher erfolgt als es tatsächlich im Ist-Bauablauf der Fall war.

Es ergibt sich eine Differenz zwischen dem tatsächlichen Fertigstellungstermin im Ist-Bauablauf und dem Fertigstellungstermin im Ist′-Bauablauf.

Beispiel

Der Gesamtfertigstellungstermin bei ungestörtem Bauablauf ohne Eintritt der Behinderung wäre der xxx [Datum] gewesen, entsprechend dem Fertigstellungstermin gemäß Ist′-Bauablauf. Der tatsächliche Fertigstellungstermin war der xxx [Datum].

Die sich aus dem Vergleich des Ist-Bauablaufes mit dem Ist′-Bauablauf ergebende Bauzeitverlängerung beträgt xxx Arbeitstage, vom xxx [Datum] bis zum xxx [Datum].

Aus der Behinderung xxx hat sich somit eine Bauzeitverlängerung von x Arbeitstagen [Datum bis Datum] ergeben.

Mittels der oben beschriebenen Vorgehensweise wird dargelegt, dass jede der beschriebenen „Behinderungen" sowohl Auswirkungen auf die Ausführungszeit einzelner von der Behinderung betroffener Vorgänge hatte als auch jeweils auf den Gesamtfertigstellungstermin.

Der aus sämtlichen Störungen im Bauablauf insgesamt resultierende Anspruch des Auftragnehmers auf Bauzeitverlängerung wird der Höhe nach in Teil B der Ausarbeitung ermittelt.

6.5 Nachweis der eigenen Leistungsbereitschaft

Liegt keine Überlagerung einer Behinderung aus dem Risikobereich des Auftraggebers mit eigenverschuldeten bauzeitverlängernden Einflüssen des Auftragnehmers vor, kann der volle Behinderungszeitraum bei der Ermittlung des Bauzeitverlängerungsanspruches geltend gemacht werden (unter den in Kap. 3 beschriebenen Voraussetzungen).

Liegt eine Überlagerung einer Behinderung aus dem Risikobereich des Auftraggebers mit einer eigenen Störung bzw. fehlenden Leistungsbereitschaft des Auftragnehmers vor, so muss festgestellt werden, ab wann die Leistungsbereitschaft des Auftragnehmers gegeben war und sich damit die Behinderung bauzeitverlängernd ausgewirkt hat. Der Zeitpunkt der tatsächlichen Leistungsbereitschaft des Auftragnehmers ist darzulegen.

Nachfolgend wird daher auf das, was bereits in Abschn. 3.3 „Leistungsbereitschaft und Leistungsfähigkeit des Auftragnehmers" als Grundlage für Ihren Anspruch auf Bauzeitverlängerung beschrieben wurde, nochmals eingegangen.

Denn Sie fragen vielleicht: Warum muss ich als Auftragnehmer meine Leistungsbereitschaft bei mit der Geltendmachung einer Bauzeitverlängerung aufgrund einer Behinderung, die aus dem Risikobereich des Auftraggebers stammt, nachweisen? Müsste nicht der Auftraggeber beweisen, dass der Auftragnehmer ggf. nicht leistungsbereit war?

Gemäß der hier ausgewerteten Literatur wäre es in der Tat so: Der Auftraggeber müsste eine fehlende Leistungsbereitschaft und fehlende Leistungsfähigkeit des Auftragnehmers beweisen, wie von *Kapellmann/Schiffers* beschrieben[1]:

> Der Auftragnehmer muss leistungsbereit und leistungsfähig sein. Dazu braucht er nicht vorzutragen, der Auftraggeber müsste das Gegenteil beweisen.

Der Auftraggeber müsste demnach beweisen, dass der Auftragnehmer zum Zeitpunkt des Behinderungseintrittes nicht leistungsfähig war oder eigene Störungen des Auftragnehmers vorlagen. Laut *Kapellmann/Schiffers* folgt dies aus § 297 BGB, wonach der Gläubiger (Auftraggeber) die fehlende Leistungsbereitschaft des Schuldners (Auftragnehmers) beweisen muss.

Aus der aktuellen Rechtsprechung ergibt sich jedoch, dass nicht der Auftraggeber nachweisen muss, dass der Auftragnehmer nicht leistungsbereit war. Der Auftragnehmer hat hingegen nachzuweisen, dass er bei Eintritt der Behinderung leistungsbereit und leistungsfähig war.

Dies lässt sich auch aus der von den Gerichten stets geforderten „konkret bauablaufbezogenen Darstellung" ableiten, wonach der Auftragnehmer konkret nachweisen muss, welche Ressourcen (Arbeitskräfte, Geräte, ...) von der jeweiligen Behinderung betroffen waren. Diese betroffenen Ressourcen müssen nachweislich leistungsbereit gewesen sein.

Auch sind nach der aktuellen Rechtsprechung bei der von den Gerichten geforderten „konkret bauablaufbezogenen Darstellung" eventuelle Eigenverzögerungen des Auftragnehmers, also eigene Störungen und/oder eine unzureichende Leistungsbereitschaft des Auftragnehmers, zu berücksichtigen.

Dies wurde u. a. 2011 vom KG Berlin bei der Abweisung einer Klage auf Entschädigung des Auftragnehmers aufgrund einer vom Auftraggeber zu vertretenden Bauzeitverlängerung entschieden[2]:

> Das KG weist die Klage ab, weil sie nur auf einzelne Aspekte des Baugeschehens gestützt sei, ohne dabei **vom GU selbst verursachte Verzögerungen** ... hinreichend zu berücksichtigen. ... Ein baubetriebliches Gutachten ist unzureichend, wenn es weitere Verzögerungen aus anderen Ursachen ... nicht berücksichtigt ... **Dann fehlt eine konkrete bauablaufbezogene Darstellung der Behinderungen.**
> [Hervorhebung durch die Verfasserin]

Folglich steht der Nachweis der Leistungsbereitschaft des Auftragnehmers in direktem Zusammenhang mit der „konkret bauablaufbezogenen Darstellung". Dies wurde in Abschn. 4.1 „Konkret bauablaufbezogene Darstellung" bereits genauer erläutert.

[1] Kapellmann/Schiffers (2011), Rdnr. 1642.
[2] IBR 2012, 75: Prof. Dr. Ralf Leinemann; KG Berlin, Urteil vom 19.04.2011.

Auch aus dem dort bereits erwähnten Urteil des OLG Köln aus 2014 geht hervor, dass der Auftragnehmer seine Leistungsfähigkeit und Leistungsbereitschaft nachweisen muss[3]:

> Der Auftragnehmer muss nachweisen, dass **die Bauzeit mit den kalkulierten Mitteln bei ungestörtem Bauablauf eingehalten worden wäre**, er selbst **im Zeitpunkt einer Behinderung leistungsbereit** war, **keine von ihm selbst verursachten Verzögerungen vorlagen** und keine Umstände gegeben waren, die gegen eine Behinderung sprechen, z. B. in Form der Umstellung von Bauabläufen oder Inanspruchnahme von Pufferzeiten. Hierbei handelt es sich um Fragen des Haftungsgrundes, die einer Schätzung nicht zugänglich sind.
> [Hervorhebung durch die Verfasserin]

Der durch den Auftragnehmer zu erbringende Nachweis der Leistungsbereitschaft ist Voraussetzung dafür, dass überhaupt ein Anspruch des Auftragnehmers auf Bauzeitverlängerung bestehen kann.

Hinsichtlich möglicher eigener Störungen oder einer unzureichenden Leistungsbereitschaft des Auftragnehmers, die sich mit der eingetretenen Behinderung aus dem Risikobereich des Auftraggebers zeitlich überlagern, ist somit von Ihnen als Auftragnehmer zu beweisen, dass Sie sowohl die Bauzeit mit den zur Verfügung stehenden Ressourcen tatsächlich eingehalten hätten (Leistungsfähigkeit), Sie aber auch bei Eintritt der Behinderung wirklich leistungsbereit waren (Leistungsbereitschaft).

Leistungsbereitschaft:
Beim Nachweis Ihrer Leistungsbereitschaft geht es somit darum nachzuweisen, dass die zur Ausführung der Leistung, die von der Bauablaufstörung betroffen bzw. aufgrund einer Behinderung nicht ausführbar war, notwendigen Ressourcen auch tatsächlich auf der Baustelle vorhanden waren oder zur Ausführung der Leistung konkret zur Verfügung standen. Sie müssen nachweisen, dass auch keine anderweitigen von Ihnen selbst verursachten Störungen (Geräte oder Personal nicht einsatzbereit, Material nicht lieferbar etc.) Sie an der Ausführung der Leistung gehindert hätten, sondern allein die Behinderung, die in den Risikobereich des Auftraggebers fällt.

Beispiel

Es wird darauf hingewiesen, dass der Auftragnehmer zum Zeitpunkt des Behinderungseintritts leistungsbereit war. Ausweislich der vorliegenden Bautagesberichte waren am xxx [Datum] und in der nachfolgenden Zeit xxx Maschinen, Geräte, Arbeitskräfte [Angabe der Ressourcen] auf der Baustelle, die umgehend mit den Arbeiten xxx [Beschreibung der betroffenen Leistung] hätten beginnen können.

Insbesondere bei einer Verzögerung des Baubeginns befinden sich naturgemäß noch keinerlei Mitarbeiter oder Geräte auf der Baustelle. Hier fällt der Nachweis, dass Gerät und Personal zur Ausführung zur Verfügung standen, etwas schwerer.

[3] IBR 2014, 257: RDin Anja Malotki; OLG Köln, Urteil vom 28.01.2014.

Hier können Schreiben von Nachunternehmern helfen, die bestätigen, dass Mitarbeiter etc. ab einem bestimmten Zeitpunkt für Ihre Baustelle eingeplant waren.

Im Idealfall geben Sie Ihrem Auftraggeber mit Anmeldung der Behinderung den Hinweis, welche bzw. wie viele Mitarbeiter, Geräte etc. Sie für die Baustelle aktuell bereithalten. So kann das Schreiben, mit dem Sie die Behinderung des Baubeginns gegenüber Ihrem Auftraggeber angezeigt haben, später als Nachweis für Ihre Leistungsbereitschaft verwendet werden.

Leistungsfähigkeit:

Ihre grundsätzliche Leistungsfähigkeit als Auftragnehmer wird hier vorausgesetzt bzw. wurde bereits in Abschn. 6.1 „Beschreibung der Ursachen der Bauzeitverlängerung jeweils mit Bau-Soll, Bau-Ist und Fazit“ nachgewiesen. Hier haben Sie im Zusammenhang mit der Beschreibung des „Bau-Soll“ idealerweise bereits nachweisen können, dass die von Ihnen geplante Soll-Ausführungsdauer der von der Behinderung betroffenen Leistung von Ihnen korrekt angegeben wurde.

Hierbei weisen Sie die von Ihnen ggf. schon im vertraglich vereinbarten Soll-Bauzeitenplan ausgewiesene Ausführungsdauer als realistisch und tatsächlich umsetzbar nach. Oder Sie ermitteln, welche Zeit die Ausführung der von der Bauablaufstörung betroffenen Leistung ohne Eintritt der Störung tatsächlich in Anspruch genommen hätte, unter Berücksichtigung der tatsächlich auf der Baustelle vorhandenen bzw. der Baustelle unmittelbar zur Verfügung stehenden Ressourcen.

Sie müssen nachweisen, dass die von Ihnen angegebene Ausführungsdauer mit den zur Verfügung stehenden Ressourcen hätte eingehalten werden können bzw. welche Ausführungsdauer für die Leistung, unter Berücksichtigung der tatsächlich zur Verfügung stehenden Ressourcen, realistisch gewesen wäre.

Im Idealfall können Sie sogar Ihre Leistungsfähigkeit und damit die realistische Ausführungsdauer eines von einer Bauablaufstörung betroffenen Vorganges anhand einer entsprechenden Leistung aus einem ungestörten Bereich der Baustelle nachweisen.

Beispiel

Der tatsächlich eingetretene Ist-Bauablauf im Zeitraum xxx bis xxx [ungestörter Bauablauf] zeigt, dass bei ungestörten Bauablauf mit den vorhandenen xxx Mitarbeitern/Geräten eine Leistung von xxx pro Arbeitstag erzielt wurde.

Die Erstellung der von der Behinderung betroffenen Leistung xxx hätte somit ohne die eingetretene Störung innerhalb von xxx Arbeitstagen erfolgen können.

Die so ermittelte Dauer ist dann in den Ist′-Bauablaufplan zu übernehmen.

Insoweit wirkt sich die Leistungsfähigkeit des Unternehmens nicht grundsätzlich dahingehend aus, ob Sie einen Anspruch auf Bauzeitverlängerung haben, so wie es bei einer unzureichenden Leistungsbereitschaft der Fall wäre. Jedoch hat die Leistungsfähigkeit einen Einfluss auf die Höhe des Anspruches, also auf die Dauer der Ihnen letztendlich zustehenden Bauzeitverlängerung, da sie die Ausführungsdauern der Vorgänge im Ist′-Bauablauf bestimmt.

Nochmals zusammengefasst: Waren Sie als Unternehmer nicht leistungsbereit, weil Sie nicht nur durch die Behinderung des Auftraggebers, sondern auch durch eigenverursachte Störungen in der Ausführung der Leistung behindert waren, haben Sie keinen Anspruch auf Verlängerung der Bauzeit bzw. erst ab dem Zeitpunkt Ihrer eigenen Leistungsbereitschaft.

Ihre Leistungsfähigkeit, nämlich in welcher Dauer die Leistung bei ungestörtem Bauablauf mit den zur Verfügung stehenden Ressourcen hätte ausgeführt werden können, wirkt sich schließlich auf die Höhe des Anspruches auf Bauzeitverlängerung aus. Denn Ihre tatsächliche Leistungsfähigkeit hat direkten Einfluss auch die Differenz zwischen der Ist-Dauer eines Vorganges und der Ist′-Dauer desselben Vorganges.

Die Ist′-Dauer für die Ausführung einer Leistung, also die Dauer, die sich hypothetisch ohne die Behinderung der Ausführung aus dem Risikobereich des Auftraggebers ergeben hätte, ist direkt abhängig von Ihrer Leistungsfähigkeit.

Je weniger leistungsfähig ein Unternehmen zur Ausführung einer bestimmten Leistung war, umso länger hätte die Ausführung der Leistung auch bei ungestörtem Bauablauf gedauert, und umso geringer ist die Differenz zwischen der tatsächlichen Ist-Dauer der ausgeführten Leistung und der theoretischen Ist′-Dauer der ausgeführten Leistung, wenn die Ausführung hypothetisch ungestört hätte erfolgen können.

Literatur

Kapellmann/Schiffers: Vergütung, Nachträge und Behinderungsfolgen beim Bauvertrag, 6. Auflage 2011, Werner Verlag

Zeitschrift IBR Immobilien- und Baurecht bzw. ibr-online.de, Datenbank für. Bau-, Vergabe- und Immobilienrecht, Verlag C. H. Beck, IBR 2005, 247: RA Dr. Achim Olrik Vogel ; BGH, Urteil vom 24.02.2005

Zeitschrift IBR Immobilien- und Baurecht bzw. ibr-online.de, Datenbank für. Bau-, Vergabe- und Immobilienrecht, Verlag C. H. Beck, IBR 2012, 75: Prof. Dr. Ralf Leinemann; KG Berlin, Urteil vom 19.04.2011

Zeitschrift IBR Immobilien- und Baurecht bzw. ibr-online.de, Datenbank für. Bau-, Vergabe- und Immobilienrecht, Verlag C. H. Beck, IBR 2014, 257: RDin Anja Malotki; OLG Köln, Urteil vom 28.01.2014

7 Leitfaden, Teil B: Anspruchshöhe (Darlegung, in welcher Höhe ein Anspruch besteht)

Abschließend ist baubetrieblich zu überprüfen, wie sich die Behinderungen insgesamt bauzeitlich ausgewirkt haben, d. h. auch gegenseitige Beeinflussungen von Störungen im Bauablauf (positiv wie negativ) sind zu untersuchen und auszuwerten.

Hieraus resultierend wird die Höhe des Bauzeitverlängerungsanspruchs ermittelt.

7.1 Darstellung des resultierenden Ist′-Bauablaufes unter Berücksichtigung aller Störungen (gleichzeitig)

Zur Beantwortung der Frage, in welcher Höhe ein Anspruch des Auftragnehmers auf Bauzeitverlängerung besteht, muss ein sogenannter „resultierender Ist′-Bauablauf" erstellt werden, indem aus dem Ist-Bauablauf alle Behinderungen gleichzeitig eliminiert werden und dargestellt wird, wie der Bauablauf ausgesehen hätte, wenn es keine der vorgenannten Behinderungen gegeben hätte.

Auf Basis der zuvor ermittelten Ist′-Bauabläufe für jeden einzelnen Störungssachverhalt ist abschließend ein Gesamt-Ist′-Bauablauf zu entwickeln, der den Bauablauf darstellt, wie er sich ohne jegliche der oben beschriebenen Bauablaufstörungen eingestellt hätte.

Dieser resultierende Ist′-Bauablauf muss berücksichtigen, dass Behinderungen teilweise parallel auftreten und/oder sich gegenseitig beeinflussen.

Es ist hier auch zu berücksichtigen, dass sich in Abhängigkeit vom Auftreten der Behinderungen der kritische Weg, der den Gesamtfertigstellungstermin ausmacht, ändern kann.

Der so ermittelte Ist′-Bauablauf, der sich hypothetisch eingestellt hätte, wenn keine der Bauablaufstörungen aufgetreten wäre, ist schriftlich zu erläutern.

Analog zur Vorgehensweise bei der Entwicklung des hypothetisch ungestörten Ist′-Bauablaufes aus dem tatsächlichen Ist-Bauablauf für jede einzelne aufgetretene Behinderung gehen Sie auch bei der Ermittlung des resultierenden Ist′-Bauablaufes vor:

N. Baschlebe, *Ansprüche auf Bauzeitverlängerung erkennen und durchsetzen*,
DOI 10.1007/978-3-658-10354-5_7

Sie legen den tatsächlichen Ist-Bauablaufplan zugrunde, den Sie anhand Ihrer Baustellendokumentation erstellt haben, und nehmen alle Behinderungsvorgänge der zuvor ermittelten Behinderungssachverhalte (Behinderungen, Ausführung von Mehrmengen, Ausführung von geänderten Leistungen, Ausführung von zusätzlich erforderlichen Leistungen) heraus.

Bei Vorgängen im Ist-Bauablaufplan, deren Dauer durch die Behinderung beeinflusst wurde, reduzieren Sie die Dauer entsprechend. D. h. Vorgänge, deren Dauer durch die Bauablaufstörung beeinflusst wurde, erhalten eine kürzere Ausführungsdauer.

Vorgänge, deren Ausführungsbeginn sich durch eine Behinderung nach hinten verschoben hat, verschieben sich nach vorne.

Hinweis

Grundsätzlich müssen Sie zur Ermittlung und Darstellung des resultierenden Ist′-Bauablaufplanes, genau wie bei den Ist′-Bauablaufplänen zu den einzelnen Störungssachverhalten, nicht Ihren gesamten Ist-Bauablaufplan betrachten, sondern können sich auf die Betrachtung und Weiterentwicklung des „kritischen Weges“ im Ist-Bauablaufplan beschränken.

Da Sie diese Ist-Ist′-Betrachtung nun nicht mehr nur für jeweils einen Störungssachverhalt durchführen, kann sich jedoch der gesamte kritische Weg in Ihrem Bauablaufplan ändern.

Wären mehrere bzw. sämtliche der eingetretenen Bauablaufstörungen, d. h. Behinderung und Ausführung von Mehrmengen und Nachtragsleistungen, nicht aufgetreten, hätte sich womöglich einen vollkommen anderer Bauablauf eingestellt. Der kritische Weg in Ihrem Bauablaufplan wäre ein anderer gewesen, als er sich im tatsächlichen Ist-Bauablauf darstellt.

Daher hinterfragen Sie bei der Entwicklung des resultierenden Ist′-Bauablaufplanes „kritischer Weg“ aus dem vorliegenden Ist-Bauablaufplan sehr genau, ob sich nicht unter Berücksichtigung des gesamten Ist-Bauablaufes der kritische Weg geändert hätte, wenn die betrachteten Bauablaufstörungen aus dem Risikobereich des Auftraggebers nicht aufgetreten wären.

Wäre dann eine andere Leistung, d. h. ein anderer Vorgang in Ihrem Bauablaufplan, zeitkritisch geworden? Hätte sich der kritische Weg geändert?

Behalten Sie Ihren gesamten Ist-Bauablauf „im Hinterkopf“, um zu beurteilen, welcher Bauablauf sich eingestellt hätte, wenn es keine der auftraggeberseitigen Störungen im Bauablauf gegeben hätte.

(Beim nachfolgend in Kap. 8 beschriebenen Beispiel ist dies bei der Ermittlung des resultierenden Ist′-Bauablaufes ebenfalls der Fall, dass sich der kritische Weg ändert.)

7.2 Ermittlung des Bauzeitverlängerungsanspruches als Differenz zwischen resultierendem Ist′-Bauablauf und Ist-Bauablauf

Die Vorgänge aus dem Ist-Bauablauf, die den kritischen Weg darstellen, werden im resultierenden Ist´-Bauablauf um die aufgetretenen Bauablaufstörungen aus dem Risikobereich des Auftraggebers bereinigt und verschieben sich so entsprechend nach vorne bzw. die Dauern der Vorgänge verkürzen sich, ggf. ändert sich der kritische Weg.

Hieraus ergibt sich ein neuer Gesamtfertigstellungstermin im resultierenden Ist′-Bauablauf, der sich eingestellt hätte, wenn die betrachteten Behinderungen aus dem Risikobereich des Auftraggebers nicht eingetreten wären.

Durch die vorgenommene Ist-Ist′-Betrachtung sind eigene Störungen des Auftragnehmers, die im Ist-Bauablauf aufgetreten sind, in beiden Bauablaufplänen weiterhin vorhanden und lösen keinen Anspruch des Auftragnehmers auf Bauzeitverlängerung gegenüber dem Auftraggeber aus.

Abschließend ist der anhand der Ist-Ist′-Betrachtung ermittelte resultierende Ist′-Bauablauf mit dem tatsächlichen Ist-Bauablauf zu vergleichen und die bauzeitliche Differenz ist zu ermitteln.

Die als Zeitraum [x Arbeitstage, Wochen, Monate] ermittelte Differenz ist an den vertraglichen Fertigstellungstermin anzuhängen, um den Zeitpunkt zu erhalten, zu dem der Auftragnehmer die Baumaßnahme hätte fertigstellen müssen.

Teil III
Anwendungsbeispiel

8 Beispiel, Teil A: Sachverhalt

8.1 Beschreibung der Baumaßnahme

Vom Auftraggeber A. wird auf einem brachliegenden Gelände in der Innenstadt von S. ein großer Büro- und Verwaltungskomplex mit mehreren Gebäuden errichtet.

Das Baugebiet grenzt im Osten an eine Trasse der Deutschen Bahn, im Süden an die A-Straße und im Westen an die B-Straße.

Die E. Erdbau GmbH hat mit ihrem Angebot vom 25.07.2012 an der Ausschreibung des Auftraggebers A. für die Erd- und Verbauarbeiten für den Neubau der Verwaltungsgebäude teilgenommen.

Ende August 2012 wurde die E. Erdbau GmbH vom A. mit den Erd- und Verbauarbeiten in Höhe von rund 2,1 Mio. € (brutto), entsprechend rund 1,8 Mio. € (netto) beauftragt.

Der Vertrag zwischen dem Auftraggeber A. und der E. Erdbau GmbH über die Ausführung der Erd- und Verbauarbeiten enthält bezüglich des Baugrundstückes die Angabe, dass die ursprüngliche Bebauung fast vollständig zurückgebaut sei. Keller und Grubenanlagen der ehemaligen Bebauung seien entfernt und mit großen Anteilen an Bauschutt verfüllt worden. Es sei jedoch mit weiteren, nicht dokumentierten Mauerresten bzw. baulichen Kleinanlagen im Untergrund zu rechnen.

Ein Teilaushub der durch die E. Erdbau GmbH zu erstellenden Baugrube für die verschiedenen Büro- und Verwaltungsgebäude hat in einer Vorabmaßnahme bereits stattgefunden.

Die von der E. Erdbau GmbH zu erstellende Baugrube soll entlang der Südseite, also der A-Straße, und entlang der Westseite, also der B-Straße, eine Trägerbohlwand erhalten, die einfach bzw. zweifach rückverankert wird. In Teilbereichen der Westseite soll eine Bohrpfahlwand ausgeführt werden. Auf der Ostseite, entlang des Bahngeländes, soll eine einfache Böschung erstellt werden. Entlang der nördlichen Grundstücksgrenze ist ebenfalls eine Böschung zu erstellen, diese ist mit einer bzw. in Teilbereichen mit zwei Bermen herzustellen. Die Baugrube ist in der nachfolgenden Abb. 8.1 dargestellt.

N. Baschlebe, *Ansprüche auf Bauzeitverlängerung erkennen und durchsetzen*,
DOI 10.1007/978-3-658-10354-5_8

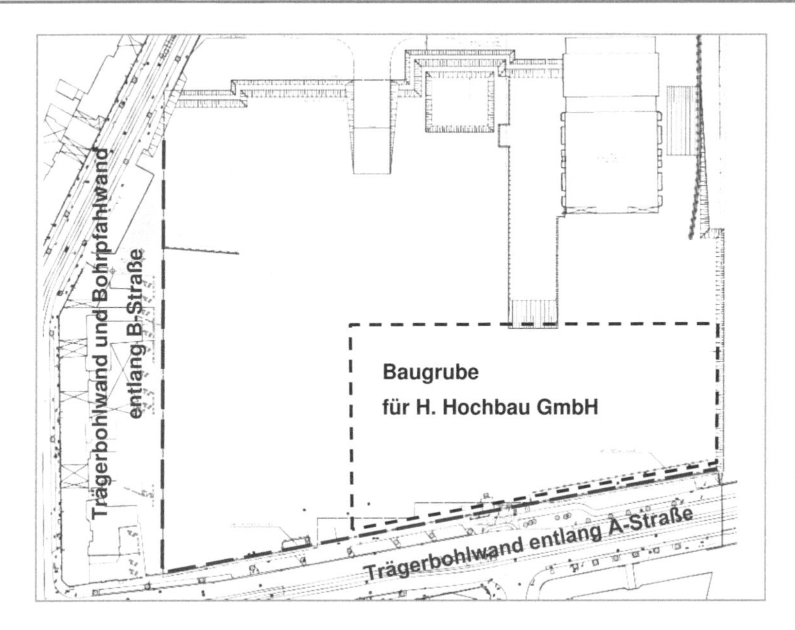

Abb. 8.1 Plan der Baugrube mit Böschungen sowie Verbau mittels Trägerbohlwänden und Bohrpfahlwänden

Des Weiteren soll innerhalb der von der E. Erdbau GmbH auszuschachtenden und mit Verbau zu versehenden Gesamtbaugrube im südöstlichen Bereich von der E. Erdbau GmbH im Auftrag des A. eine weitere Baugrube für die Hochbaumaßnahmen durch die ebenfalls vom Auftraggeber A. beauftragte H. Hochbau GmbH erstellt werden.

Gemäß Auftrag des A. vom 31.08.2012 bzw. dem zwischen dem A. und der E. Erdbau GmbH geschlossen Vertrag hatte die E. Erdbau GmbH die Arbeiten am 17.09.2012 zu beginnen und am 21.12.2012 fertig zu stellen.

8.2 Aufgabenstellung und Vorgehensweise

Während der Ausführung der Erd- und Verbauarbeiten für die Erstellung der Büro- und Verwaltungsgebäude im Herbst 2012 kam es zu verschiedenen zusätzlichen und geänderten Leistungen, Mehrmengen und Störungen des Bauablaufes, also „Behinderungen" im Sinne des § 6 Abs. 2 VOB/B. Diese führten dazu, dass die Erd- und Verbauarbeiten durch die E. Erdbau GmbH nicht bis zu dem vertraglich vereinbarten Fertigstellungstermin 21.12.2012 fertig gestellt werden konnten.

Im Rahmen dieser Beispielbetrachtung werden die während der Ausführungszeit bei dem Projekt „Büro- und Verwaltungsgebäude, Erd- und Verbauarbeiten" aufgetretenen Leistungsstörungen aus dem Risikobereich des Auftraggebers A. sowie die ausgeführten

Nachträge und Mehrmengen baubetrieblich dahingehend bewertet, welche Auswirkungen diese auf die Bauzeit hatten.

Im Teil A der nachfolgenden Ausarbeitung werden die „Störungen" (geänderte Leistungen, zusätzlich erforderliche Leistungen, Mehrmengen, Behinderungen) identifiziert und die jeweiligen Sachverhalte anhand der vorliegenden Dokumentation beschrieben.

Es wird untersucht, wie sich die jeweiligen Störungen, Ausführung von Nachtragsleistungen und Mehrmengen konkret auf den weiteren Bauablauf ausgewirkt haben.

Für jeden Sachverhalt wird dargestellt, inwieweit sich die Ausführungszeit einzelner von der Störung betroffener Vorgänge verlängert. Weiterhin wird untersucht, ob die jeweilige Störung geeignet ist, Einfluss auf die Gesamtbauzeit zu nehmen. Somit wird dargelegt, ob die jeweilige Störung das Bauzeitende verschiebt.

Sind beide Kriterien erfüllt, also Verlängerung der Ausführungsdauer des einzelnen Vorgangs oder Verschiebung der Ausführungszeit sowie daraus resultierende Verschiebung des Gesamtfertigstellungstermins, ist der Nachweis angetreten, dass die jeweilige Störung einen kausalen Einfluss auf die Bauzeit hatte.

In Teil B der nachfolgenden Ausarbeitung wird dann baubetrieblich überprüft, wie sich die Störungen insgesamt bauzeitlich ausgewirkt haben, d. h. auch gegenseitige Beeinflussungen von Störungen (positiv wie negativ) werden untersucht und ausgewertet.

Hieraus resultierend wird die Höhe des Bauzeitverlängerungsanspruchs der E. Erdbau GmbH ermittelt.

8.3 Ursachen der Bauzeitverlängerung

Im Folgenden werden die Störungen im Bauablauf, also Ausführung von Nachtragsleistungen und Mehrmengen sowie Behinderungen des Bauablaufes der E. Erdbau GmbH beschrieben, die Auswirkungen auf die Bauzeit hatten.

Folgende Nachträge, Mehrmengen und Störungen im Bauablauf haben sich terminkritisch auf den Bauablauf ausgewirkt (in chronologischer Reihenfolge):

- Fehlende Kampfmittelfreiheit an der A-Straße
- Ausführung von Greiferbohrungen an der A-Straße, Nachtragsleistung
- „Aushubmaterial im Baufeld umlagern", Nachtragsleistung
- „Aushubmaterial sieben", Nachtragsleistung
- Erhebliche Mengenmehrung Bodenaushub mit Bauschutt Z 1.2.

8.4 Fehlende Kampfmittelfreiheit A-Straße

8.4.1 Bau-Soll

Für die Baumaßnahme war vertraglich eine Bauzeit von 14 Wochen, vom 17.09.2012 bis 21.12.2012, vereinbart worden. Es sollte zunächst die Trägerbohlwand entlang der A-Straße, von Osten nach Westen, erstellt werden und im Anschluss daran die Trägerbohlwand und die Bohrpfahlwand entlang der B-Straße, siehe Abb. 8.2.

Die Erd- und Verbauarbeiten an der A-Straße von Osten aus zu beginnen war auch durch den vereinbarten Zwischentermin „Fertigstellung Baugrube 1. Bauabschnitt, inkl. Verbau“ zum 23.11.2012 für den frühzeitigen Beginn der Hochbauarbeiten durch die H. Hochbau GmbH bedingt, siehe ebenfalls Abb. 8.2.

Somit wurde der Bauablauf vom Auftraggeber A. vorgegeben und von der E. Erdbau GmbH entsprechend eingeplant und in der Geräte- und Personaldisposition berücksichtigt.

Die Baugrube im südöstlichen Teil des Grundstücks sollte zum 23.11.2012 fertig gestellt sein, damit dort die vom A. an die H. Hochbau GmbH beauftragten Hochbauarbeiten beginnen konnten.

Vor Beginn der Trägerbohlwandarbeiten waren in der Verbautrasse Kampfmittelsondierungen durchzuführen und die Ergebnisse auswerten zu lassen.

In der Baubeschreibung wird auf das mögliche Vorhandensein von Kampfmitteln hingewiesen. Hier ist beschrieben, dass im Vorfeld der Baumaßnahme Luftbildaufnahmen

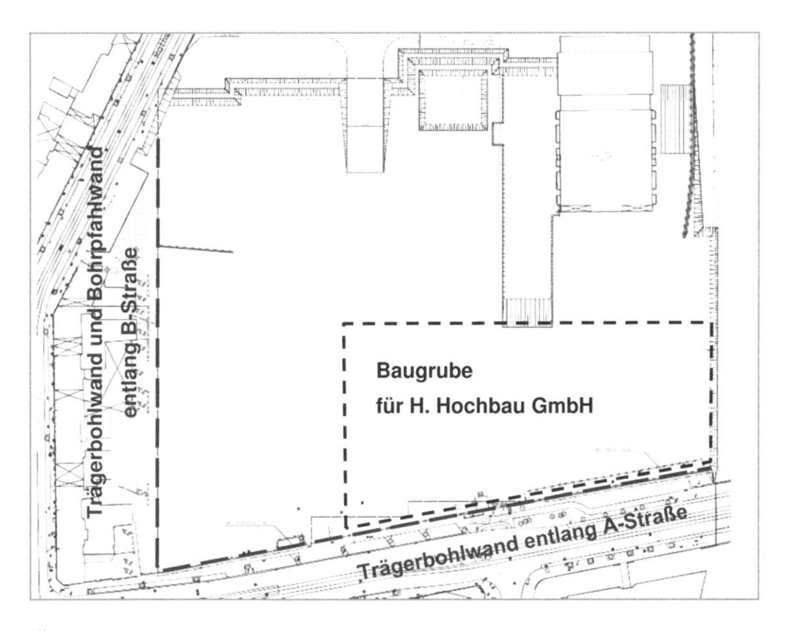

Abb. 8.2 Übersichtsplan der Baumaßnahme

des gesamten Geländes erstellt wurden, dass eine Auswertung dieser Luftbilder jedoch nur teilweise möglich war. Daher könne die Existenz von Kampfmitteln nicht gänzlich ausgeschlossen werden.

Im Zuge der Aushubarbeiten durch die E. Erdbau GmbH sollen besonders zu beachtende Bereiche durch einen vom Auftraggeber beauftragten Kampfmittelräumdienst begleitet, überwacht und freigegeben werden. Weitere, durch die E. Erdbau GmbH durchzuführende Maßnahmen sind im Leistungsverzeichnis aufgeführt.

Das heißt gemäß den „Zusätzlichen Technischen Vertragsbedingungen Baugrubenverbau" sind vor den Bohrarbeiten zur Erstellung der Trägerbohlwand Kampfmittelsondierungen, sogenannte „Tiefensondierungen", durchzuführen.

Die Sondierbohrungen sind durch die E. Erdbau GmbH herzustellen, die Ausführung und Dokumentation der Sondierprüfungen innerhalb der bei den Sondierbohrungen von der E. Erdbau GmbH eingebrachten Hüllrohre erfolgen dann durch einen vom Auftraggeber A. beauftragten Unternehmer bzw. Kampfmittelräumdienst.

Bei dieser im Vertrag zwischen der E. Erdbau GmbH und dem Auftraggeber A. beschriebenen Tiefensondierung wird die Verbautrasse in einem vorgegebenen Raster (bei jedem Verbauträger) abgebohrt und die Bohrlöcher werden mit Kunststoffrohren gesichert. Anschließend erfolgt die Sondierung innerhalb der Bohrlöcher sowie die Auswertung und Detektion von Anomalien per Computer durch den vom A. beauftragten Unternehmer bzw. Kampfmittelräumdienst.

Erfahrungsgemäß sind für die Ausführung der Sondierbohrungen, der Sondierungen innerhalb der Bohrlöcher und die Auswertung und Freigabe des sondierten Bereiches jeweils 2–3 AT vorlaufend vor den Verbauarbeiten einzuplanen.

Bei ca. 20–25 Stk. Bohrungen und Sondierungen pro Abschnitt (d. h. Bereich der Trägerbohlwand von 20 Trägern mit einem Achsabstand von jeweils ca. 2,50 m = 50 m) hätten jeweils 2–3 AT nach Durchführung der Sondierungen 50 lfdm. Verbauachse zur Ausführung von Trägerbohlwandarbeiten für die E. Erdbau GmbH zur Verfügung gestanden.

Dies bestätigte sich auch im Ist-Bauablauf: Die Auswertungsergebnisse der 22 Stk. Sondierungen, entsprechend 55 lfdm., vom 25.09.2012 (Dienstag) lagen mit Schreiben vom 27.09.2012 (Donnerstag) innerhalb von 2 AT vor, die Ergebnisse der 25 Stk. Sondierungen, entsprechend 62,5 lfdm., vom 26.09.2012 (Mittwoch) lagen mit Schreiben vom 01.10.2012 (Montag) innerhalb von 3 AT vor.

Die Ergebnisse der Sondierungen vom 24.10.2012 (Mittwoch) lagen nach 3 AT am 29.10.2012 (Montag) vor, die Ergebnisse der Sondierungen vom 26.10.2012 (Freitag) nach 3 AT am 31.10.2012 (Mittwoch).

Die ersten Sondierungen innerhalb der von der E. Erdbau GmbH eingebrachten Sondierbohrungen entlang der A-Straße, Nr. 1 bis 22, wurden am 25.09.2012 durchgeführt, siehe nachfolgende Abb. 8.3.

Die E. Erdbau GmbH konnte also davon ausgehen mit dem Vorliegen der ersten Auswertungsergebnisse am 27.09.2012 mit den Arbeiten an der Trägerbohlwand A-Straße beginnen zu können.

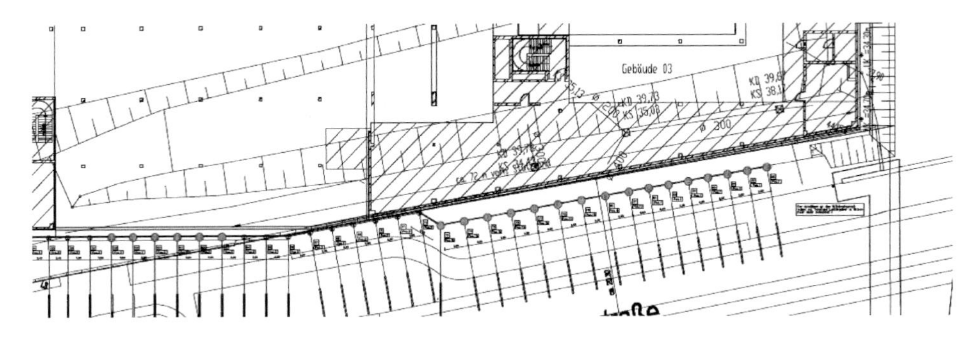

Abb. 8.3 Sondierbohrungen Nr. 1 bis 21 vom 25.09.2012 entlang der A-Straße

Die Planung der E. Erdbau GmbH sah dementsprechend eine Ausführung der Verbauarbeiten innerhalb von 12 Wochen vor, wobei 12 Wochen insgesamt für die Trägerbohlwände A-Straße und B-Straße und parallel hierzu 5 Wochen für die Bohrpfahlwände B-Straße vorgesehen waren.

Dies geht aus dem am 11.10.2012 beim A. eingereichten Bauablaufplan der E. Erdbau GmbH hervor, siehe Abb. 8.4.

Leistungsfähigkeit

Der tatsächlich eingetretene Ist-Bauablauf zeigt, dass bei ungestörtem Bauablauf mit einem Bohrgerät 10 Träger pro Arbeitstag eingebohrt wurden:

Träger 64 bis 1 vom 06.11. bis 08.11.2012

64 Stk./3 AT * 2 Bohrgeräte = 10 Stk./AT * 1 Bohrgerät

Träger 116 bis 122 und Träger 139 bis 141 am 20.11.2012

10 Stk./1 AT = 10 Stk./AT * 1 Bohrgerät

Träger 142 bis 149 und Träger 154 bis 163 am 21.11.2012

20 Stk./1 AT * 2 Bohrgeräte = 10 Stk./AT * 1 Bohrgerät

Das Einbohren der 98 Träger für die Trägerbohlwand A-Straße hätte somit mit nur einem Bohrgerät innerhalb von 10 AT erfolgen können.

Alle 156 Träger der A-Straße und B-Straße (177 Stk. abzgl. Bohrpfahlwand von Nr. 109 bis 115 und Nr. 123 bis 138 = 156 Stk. Träger) hätte man mit einem Bohrgerät innerhalb von 16 AT einbringen können.

Tatsächlich waren über einen Zeitraum von mehr als drei Wochen sogar zwei Bohrgeräte parallel auf der Baustelle eingesetzt (03.11. bis 26.11.2012).

Die Leistung der Ankergeräte bei ungestörtem Bauablauf mit 12 bis 15 Ankern pro Arbeitstag kann ebenfalls aus dem Ist-Bauablauf nachvollzogen werden:

Anker 89 bis 96 und 74 bis 77 am 15.11.2012: 12 Stk./AT * 2 Ankergeräte
Anker 10 bis 18 und 22 bis 27 am 20.11.2012: 15 Stk./AT * 2 Ankergeräte

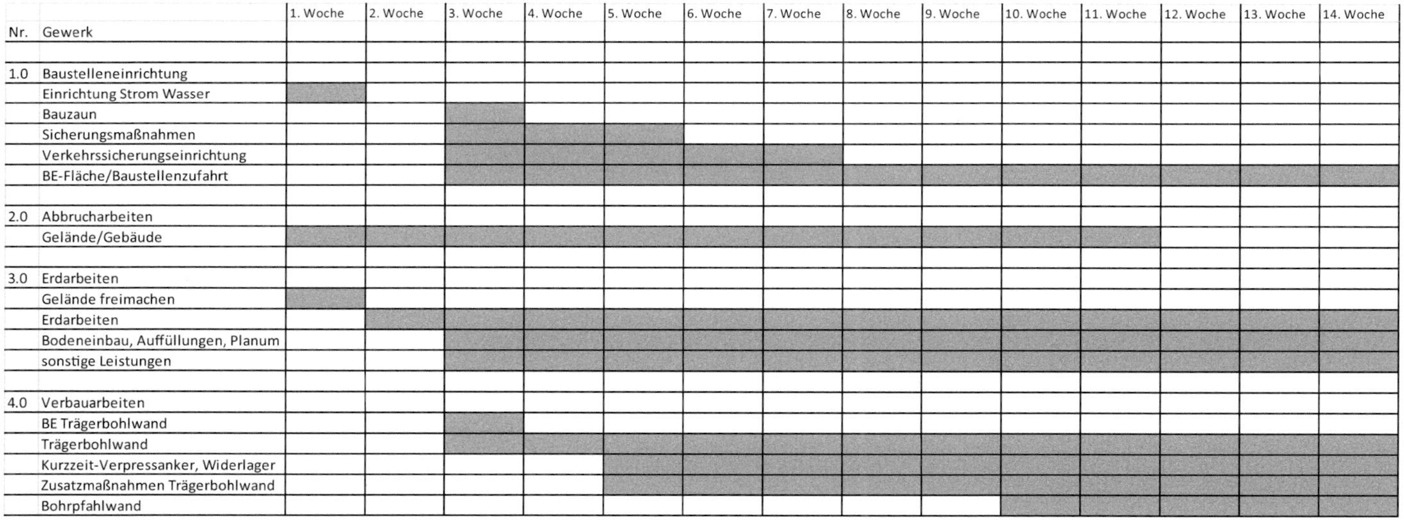

Nr.	Gewerk	1. Woche	2. Woche	3. Woche	4. Woche	5. Woche	6. Woche	7. Woche	8. Woche	9. Woche	10. Woche	11. Woche	12. Woche	13. Woche	14. Woche
1.0	Baustelleneinrichtung														
	Einrichtung Strom Wasser	■													
	Bauzaun			■											
	Sicherungsmaßnahmen			■	■	■									
	Verkehrssicherungseinrichtung			■	■	■	■	■							
	BE-Fläche/Baustellenzufahrt			■	■	■	■	■	■	■	■	■	■	■	■
2.0	Abbrucharbeiten														
	Gelände/Gebäude	■	■	■	■	■	■	■	■	■	■	■			
3.0	Erdarbeiten														
	Gelände freimachen	■													
	Erdarbeiten		■	■	■	■	■	■	■	■	■	■	■	■	■
	Bodeneinbau, Auffüllungen, Planum			■	■	■	■	■	■	■	■	■	■	■	■
	sonstige Leistungen			■	■	■	■	■	■	■	■	■	■	■	■
4.0	Verbauarbeiten														
	BE Trägerbohlwand			■											
	Trägerbohlwand			■	■	■	■	■	■	■	■	■	■	■	■
	Kurzzeit-Verpressanker, Widerlager					■	■	■	■	■	■	■	■	■	■
	Zusatzmaßnahmen Trägerbohlwand					■	■	■	■	■	■	■	■	■	■
	Bohrpfahlwand										■	■	■	■	■

Abb. 8.4 Bauzeitenplan der E. Erdbau GmbH vom 11.10.2012

Es waren ebenfalls zwei Ankergeräte vor Ort eingesetzt (ab 09.11. bzw. 13.11.2012).

Da zum Einbau der Holzausfachung in die Trägerbohlwand zwei Kolonnen mit einer Tagesleistung von jeweils rund 50 qm vor Ort waren, zeigt sich, dass die Holzausfachung für die Trägerbohlwände A-Straße und B-Straße innerhalb von rund 28 AT hätte erstellt werden können:

Position 04.02.0010	1705 qm Trägerbohlwand
Position 04.02.0020	950 qm Trägerbohlwand
Position 04.02.0020	140 qm Trägerbohlwand
	2795 qm : (50 qm/AT * 2 Kolonnen) = 27,95 AT

Unter Berücksichtigung der vor Ort tatsächlich eingesetzten Ressourcen (Kolonnen und Geräte) hätte sich, bei ungestörtem Bauablauf, die Erstellung der Trägerbohlwände A-Straße und B-Straße innerhalb von 8 Wochen realisieren lassen. Dies ist in der nachfolgenden Abb. 8.5 dargestellt.

8.4.2 Bau-Ist

Der Baubeginn erfolgte am 10.09.2012. Die Baustelleneinrichtung wurde erstellt und es wurden Vorarbeiten durchgeführt. In der Woche ab dem 17.09.2012 wurde die Bohrebene hergestellt, siehe nachfolgende Abb. 8.6, so dass ab dem 24.09.2012 mit den Sondierbohrungen für die Trägerbohlwand an der A-Straße begonnen werden konnte.

Die Sondierbohrungen und Kampfmittelsondierungen innerhalb der eingebohrten Hüllrohre Nr. 1 bis 22 wurden, wie zuvor bereits beschrieben, am 25.09.2012 durchgeführt, siehe auch nachfolgende Abb. 8.7.

Die Auswertung der Sondierungen lag am 27.09.2012 vor.

Es konnte für keinen Bereich der durchgeführten Sondierungen eine Kampfmittelfreigabe erteilt werden, da bei den durchgeführten Sondierungen aufgrund der Auswertungsergebnisse von dem vom A. beauftragten Kampfmittelräumdienst keine Aussage über Kampfmittel getroffen werden konnte.

Am 26.09.2012 wurden weitere 24 Sondierungen im mittleren Bereich der A-Straße durchgeführt, die Auswertung dieser Sondierungen lag am 01.10.2012 vor.

Auch für diese Sondierungen wurde keine Kampfmittelfreigabe erteilt, da wiederum mit den vorliegenden Sondierungsergebnissen keine Aussage über Kampfmittel möglich war.

Somit waren entlang der A-Straße 46 Sondierungen erstellt worden, d. h. ein Bereich von 46 Trägern mit jeweils ca. 2,50 m Achsabstand = 115 m hätte zur Ausführung der Trägerbohlwandarbeiten zur Verfügung stehen sollen, dieser wurde jedoch von dem vom A. beauftragten Kampfmittelräumdienst nicht freigegeben.

Die am 27.09.2012 vorliegenden ersten Ergebnisse und hieraus resultierende fehlende Kampfmittelfreigabe wurden dem Auftraggeber A. durch die E. Erdbau GmbH umgehend mündlich mitgeteilt und mit Email vom 27.09.2012 auch schriftlich übermittelt:

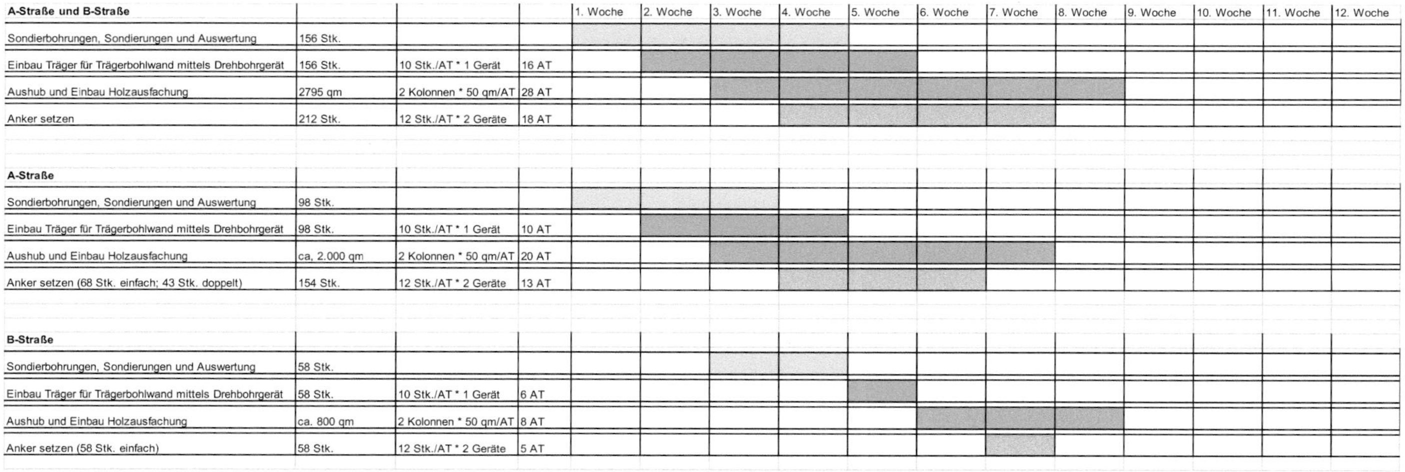

A-Straße und B-Straße				1. Woche	2. Woche	3. Woche	4. Woche	5. Woche	6. Woche	7. Woche	8. Woche	9. Woche	10. Woche	11. Woche	12. Woche
Sondierbohrungen, Sondierungen und Auswertung	156 Stk.														
Einbau Träger für Trägerbohlwand mittels Drehbohrgerät	156 Stk.	10 Stk./AT * 1 Gerät	16 AT												
Aushub und Einbau Holzausfachung	2795 qm	2 Kolonnen * 50 qm/AT	28 AT												
Anker setzen	212 Stk.	12 Stk./AT * 2 Geräte	18 AT												
A-Straße															
Sondierbohrungen, Sondierungen und Auswertung	98 Stk.														
Einbau Träger für Trägerbohlwand mittels Drehbohrgerät	98 Stk.	10 Stk./AT * 1 Gerät	10 AT												
Aushub und Einbau Holzausfachung	ca. 2.000 qm	2 Kolonnen * 50 qm/AT	20 AT												
Anker setzen (68 Stk. einfach; 43 Stk. doppelt)	154 Stk.	12 Stk./AT * 2 Geräte	13 AT												
B-Straße															
Sondierbohrungen, Sondierungen und Auswertung	58 Stk.														
Einbau Träger für Trägerbohlwand mittels Drehbohrgerät	58 Stk.	10 Stk./AT * 1 Gerät	6 AT												
Aushub und Einbau Holzausfachung	ca. 800 qm	2 Kolonnen * 50 qm/AT	8 AT												
Anker setzen (58 Stk. einfach)	58 Stk.	12 Stk./AT * 2 Geräte	5 AT												

Abb. 8.5 Bauablauf Trägerbohlwandarbeiten bei ungestörtem Bauablauf

Abb. 8.6 Foto vom 18.09.2012, Bagger erstellt Bohrebene entlang A-Straße (von Osten nach Westen)

> Sehr geehrte Damen und Herren,
> im Anhang erhalten Sie die Ergebnisse der ersten Sondierungen. Die Verbauträger können aufgrund der Beschaffenheit des anstehenden Untergrundes derzeit nicht eingebracht werden.
> ...

Von Donnerstag, 27.09.2012 und Freitag, 28.09.2012 liegt umfangreicher Emailverkehr zwischen der E. Erdbau GmbH bzw. dem Nachunternehmer der E. Erdbau GmbH für die Verbauarbeiten, der G. Grundbau GmbH, sowie dem Auftraggeber A. bezüglich Lösungsmöglichkeiten und Alternativvorschlägen vor.

Im Baubesprechungsprotokoll vom 02.10.2012 wurde hierzu festgehalten:

> Gemäß Mailverkehr zwischen Fa. E. Erdbau GmbH und dem Auftraggeber A. ... kann eine Kampfmittelfreiheit in der überwiegenden Anzahl der Bohrungen nicht erteilt werden. ...

Ergänzend sei erwähnt, dass im ganz östlichen Teil der Trägerbohlwand an der A-Straße aufgrund eines Mastes der Bahn, der noch versetzt werden musste, nicht mit den Arbeiten an der Trägerbohlwand bzw. den Sondierbohrungen begonnen werden konnte, siehe auch Abb. 8.8.

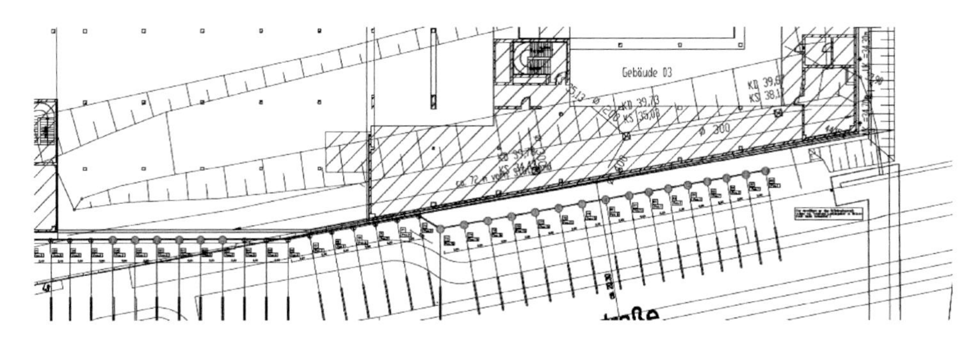

Abb. 8.7 Sondierbohrungen 1 bis 21 vom 25.09.2012 an A-Straße

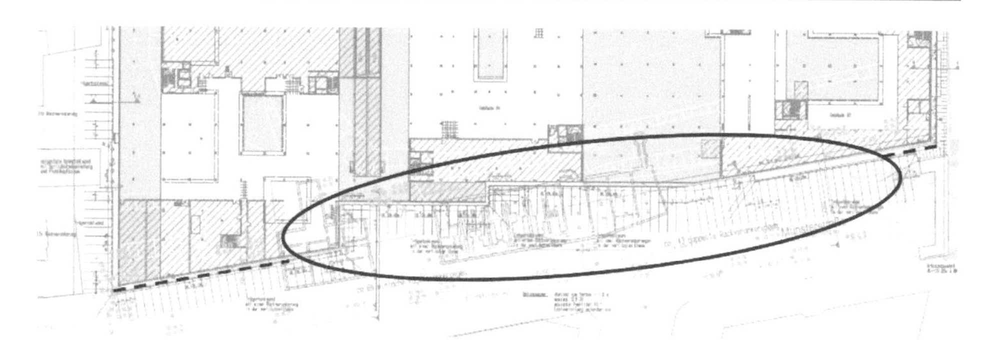

Abb. 8.8 Geplanter Trägerbohlwandverbau entlang der A-Straße. *Links* = keine Sondierungen wegen Versorgungsleitungen in Verbautrasse, *Mitte* = Sondierungen nicht auswertbar, keine Freigabe, *Rechts* = keine Sondierungen, da ggf. Änderung Verbautrasse wegen Bahnmast

Da in diesem Bereich der Verlauf der Trägerbohlwand ggf. geändert werden sollte, um den Maststandort beibehalten zu können, wurden die Sondierbohrungen weiter westlich, außerhalb des Einflussbereiches des Mastfundamentes, also bei Träger Nr. 95 statt bei Träger Nr. 98 begonnen, siehe Abb. 8.8, mittlerer Bereich.

Mit Schreiben vom 04.10.2012 wurde von der E. Erdbau GmbH gegenüber dem Auftraggeber A. die ihm seit dem 27.09.2012 bereits bekannte Behinderung nochmals angezeigt:

> … hiermit zeigen wir beim o. g. Bauvorhaben gemäß § 6 Abs. 1 VOB/B **Behinderung und Verlängerung der Ausführungsfristen** bei der Ausführung der Erd- und Verbauarbeiten an.
>
> An der A-Straße unmittelbar angrenzend an die Brücke zur Bahn, befindet sich im Bereich des zu errichtenden Verbaus ein Fahrleitungsmast der Bahn. … Die in diesem Zusammenhang angezeigte Behinderung besteht daher weiterhin.
>
> Darüber hinaus fehlt derzeit die Freigabe von diversen Bohrlöchern durch den Kampfmittelräumdienst. Auch hier verzögert sich der Baubeginn der Erd- und Verbauarbeiten, da ohne Kampfmittelfreigabe eine Trägerbohrung nicht zulässig ist.
>
> Ferner können im Bereich der Verbautrasse im Gehweg A-Straße zur Zeit noch keine Kampfmittelsondierbohrungen erstellt und durch den Kampfmittelräumdienst geprüft werden, da hier bestehende Versorgungsleitungen in der Verbautrasse liegen. Hierzu wurde ein Termin mit den zuständigen Versorgungsträgern vereinbart. Der zeitliche Verlauf wird erst nach diesem Termin einzuschätzen sein.
>
> Die Verbauarbeiten werden sich daher entsprechend verzögern. Die vertraglich vereinbarten Zwischen- und Endtermine sind somit nicht einzuhalten.

In Abb. 8.8 wird ersichtlich, dass die Trägerbohlwandarbeiten in keinem Bereich der A-Straße begonnen werden konnten.

Im ganz östlichen Teil der A-Straße war der Verlauf der Verbautrasse aufgrund des dort befindlichen Bahnmastes noch nicht geklärt, im mittleren Bereich war von dem vom A. beauftragten Kampfmittelräumdienst noch keine Kampfmittelfreigabe erteilt worden und im westlichen Bereich der A-Straße konnten keine Kampfmitttelsondierungen bzw.

Trägerbohlwandarbeiten ausgeführt werden, da hier Versorgungsleitungen in der Verbautrasse lagen.

8.4.3 Fazit

Die Arbeiten an der Trägerbohlwand A-Straße hätten am 27.09.2012 beginnen können. Da die Ergebnisse der durchgeführten Kampfmittelsondierungen jedoch von dem vom Auftraggeber A. beauftragten Kampfmittelräumdienst nicht auswertbar waren, wurde keine Freigabe zur Ausführung der Arbeiten erteilt.

Leistungsbereitschaft
Es wird darauf hingewiesen, dass der Auftragnehmer E. Erdbau GmbH zum Zeitpunkt des Behinderungseintritts leistungsbereit war.

Der Nachunternehmer der E. Erdbau GmbH für die Ausführung der Verbauarbeiten, die G. Grundbau GmbH, hatte die Baustelle bereits eingerichtet und hielt entsprechendes Personal und Gerät für die Erstellung des Verbaus bereit (siehe Bautagesberichte der E. Erdbau GmbH und der G. Grundbau GmbH), so dass nach Kampfmittelfreigabe umgehend dem Einbringen der Verbauträger hätte begonnen werden können.

Nachweislich war auch der Bauleiter der G. Grundbau GmbH an den Abstimmungsgesprächen zwischen dem Auftraggeber A. und der E. Erdbau GmbH und an dem zu der Thematik „fehlende Kampfmittelfreiheit" geführten Schriftverkehr eingehend beteiligt und um eine kurzfristige Aufnahme der Arbeiten zur Erstellung der Trägerbohlwand an der A-Straße bemüht.

Leistungsfähigkeit
Die Leistungsfähigkeit der bauausführenden Firma E. Erdbau GmbH bzw. des Nachunternehmers G. Grundbau GmbH muss im Zusammenhang mit der Störung des Bauablaufes durch die Behinderung „fehlende Kampfmittelfreiheit an der A-Straße" nicht gesondert nachgewiesen werden, da hierdurch keine anderweitigen Bauleistungen negativ beeinflusst wurden.

Sämtliche nachfolgende Leistungen (wie Herstellung des Verbaus, Ausschachtung der Baugrube etc.) haben sich komplett um die Dauer der Behinderung nach hinten verschoben.

Vom 27.09.2012 bis Mitte Oktober 2012 konnten keine Arbeiten zur Erstellung der Trägerbohlwand ausgeführt werden.

Am 16.10.2012 wurde vom A. entschieden, aufgrund der fehlenden Kampfmittelfreiheit das vertraglich vereinbarte Bohrverfahren zum Einbringen der Träger für die Trägerbohlwand A-Straße zu ändern; vgl. nachfolgendes Kapitel „Greiferbohrungen A-Straße, Nachtragsleistung".

Der Störungszeitraum umfasst somit die Zeit vom 27.09.2012 bis 15.10.2012.

8.5 Greiferbohrungen A-Straße, Nachtragsleistung

8.5.1 Bau-Soll

Die Träger für die Trägerbohlwand (A-Straße und B-Straße) sollten gemäß vertraglicher Vereinbarung zwischen der E. Erdbau GmbH und dem A. mittels eines Drehbohrgerätes eingebracht werden.

Beim Drehbohrverfahren wird das Bohrgut mittels Bohrschnecke gelöst und gefördert, siehe nachfolgende Abb. 8.9.

8.5.2 Bau-Ist

Aufgrund der fehlenden Kampfmittelfreiheit für die Verbautrasse A-Straße konnte das Einbringen der Träger für die Trägerbohlwand nicht mittels Drehbohrverfahren erfolgen, wegen der erheblichen Gefahr, beim Bohren auf vorhandene Kampfmittel zu treffen.

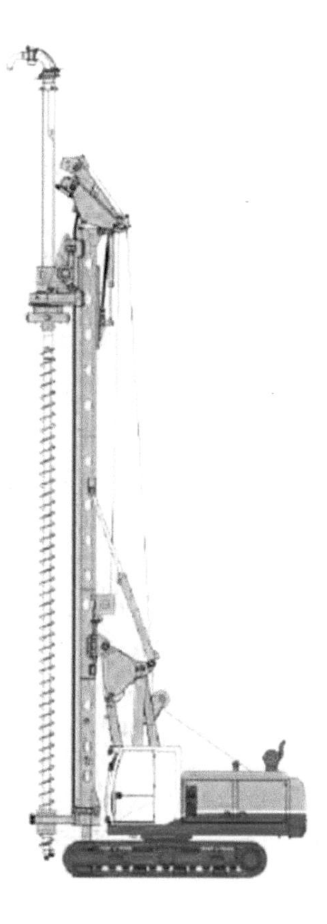

Abb. 8.9 Skizze Drehbohrgerät

Abb. 8.10 Skizze Seilbagger mit Greifer

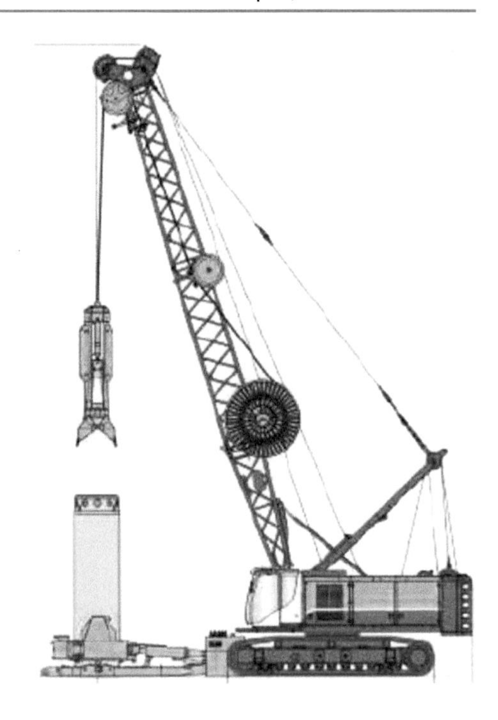

Vom Auftraggeber A. wurde daraufhin am 11.10.2012 bei der E. Erdbau GmbH ein Angebot zur Erstellung von „verrohrten Greiferbohrungen" angefordert.

Beim Greiferbohrverfahren erfolgt der Aushub mittels Bohrgreifern, die im Wesentlichen aus dem Greifkörper, den Greiferspaten und dem Schließmechanismus für die Greiferspaten bestehen, siehe Abb. 8.10.

Bei diesem Verfahren zur Ausführung von „Bohrungen" besteht nicht die Gefahr, ein vorhandenes Kampfmittel anzubohren, da keine Bohrung im eigentlichen Sinne ausgeführt wird.

Am 12.10.2012 wurde von der E. Erdbau GmbH ein Nachtragsangebot über Greiferbohrungen beim A. vorgelegt.

> Bezug nehmend auf Ihre E-Mail vom 11.10.2012 und die mit Ihnen geführten Telefonate bieten wir Ihnen die Herstellung von Greiferbohrungen, D = 600 mm, nachfolgend an.
>
> ...
>
> Wir weisen darauf hin, dass sich durch diese zusätzlichen bzw. geänderten Leistungen die Ausführungsfristen verlängern.

Das Nachtragsangebot wurde vom A. am 18.10.2012 mit einer Summe von rund 75.000,– € (netto) beauftragt.

Da der auf der Baustelle bereits vorhandene und zum Abladen von Baumaterialien eingesetzte Seilbagger zur Ausführung der Greiferbohrungen umgerüstet werden musste, wurde in der nächsten Baubesprechung als Termin zum Beginn der Greiferbohrungen Montag, der 22.10.2012 vereinbart.

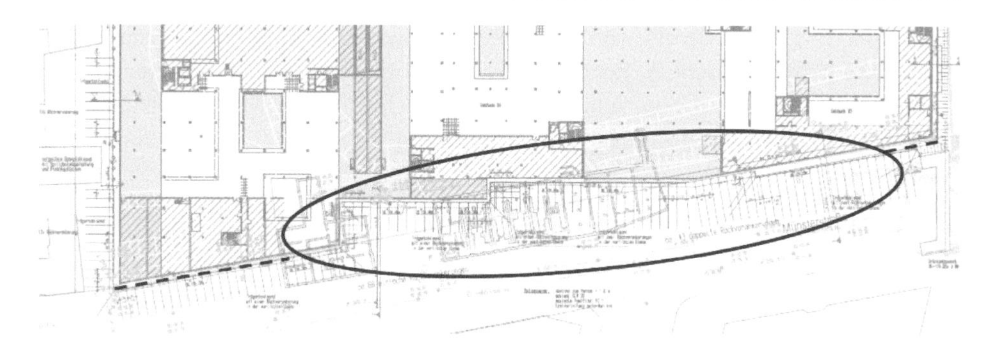

Abb. 8.11 Geplanter Trägerbohlwandverbau entlang der A-Straße. *Links* = Verbautrasse wird zum Gebäude hin verschoben, *Mitte* = Ausführung von Greiferbohrungen aufgrund fehlender Kampfmittelfreiheit, *Rechts* = Versetzen des Bahnmastes

Nach mündlicher Beauftragung des Nachtrages in der Baubesprechung am 16.10.2012 bzw. schriftlicher Beauftragung am 18.10.2012 mussten der Greifer und die Bohrrohre beschafft und auf die Baustelle transportiert werden und auf den Seilbagger musste ein weiteres Seil zur Ausführung der Greiferbohrungen aufgezogen werden.

Am 16.10.2012 wurde in der Baubesprechung aufgrund der notwendigen Umrüstung des Seilbaggers der Beginn der Greiferbohrungen für spätestens Montag, den 22.10.2012 vereinbart und folgendes im Baubesprechungsprotokoll festgehalten:

> ...
>
> 2. Die Bohrungen entlang der A-Straße mittels Seillöffelbagger beginnen spätestens am Montag, dem 22.10.2012. ...
> 3. Der vorgelegte Terminplan wird basierend auf den Erkenntnissen der ersten Bohrtage in der 43. KW (23.10.2012) aktualisiert.
>
> Beschleunigungsmaßnahmen werden vorgeschlagen (Erledigung durch Firma E. Erdbau GmbH).
>
> ...

Darüber hinaus wurde in der Baubesprechung vom 16.10.2012 festgelegt, dass im westlichen Teilstück der A-Straße die Verbautrasse aufgrund der in der Trasse vorhandenen Versorgungsleitungen verschoben wird und dass der im östlichen Teilstück im Einflussbereich des Verbaus vorhandene Bahnmast versetzt wird, vgl. Abb. 8.11:

> 2. ... Im ersten Teilstück, auf ca. 80 m Länge, kann der Verbau zum geplanten Neubaugebäude hin verändert werden (dem Leitungsbestand ausweichen).
>
> ...
>
> 6. Der Bahnmast wird versetzt. ... Die Umsetzung des Mastes wird zum 29.10.2012 angestrebt (Erledigung durch A./Bahn).

Von der E. Erdbau GmbH wurden die Festlegungen aus der Baubesprechung vom 16.10.2012 gegenüber dem A. nochmals mit Schreiben vom 18.10.2012 bestätigt. Außerdem wurde der A. in diesem Schreiben, wie bereits im Nachtragsangebot für die Greiferbohrungen, auch im Hinblick auf den verschobenen Verbau im westlichen Bereich der A-Straße auf die zeitlichen Auswirkungen hingewiesen:

> … leiten wir Ihnen nochmals die dokumentierten Punkte aus der Baubesprechung vom 16.10.2012 im Anhang weiter. Hiermit wurde dokumentiert, dass die Greiferbohrungen (Seillöffelbagger) spätestens am Montag, 22.10.2012 beginnen werden.
>
> Dies bestätigen wir hiermit.
>
> Wir weisen jedoch darauf hin, dass die Arbeiten gemäß dem Nachtrag für den verschobenen Verbau an der A-Straße nicht ohne Auswirkungen auf den Vertragstermin ausgeführt werden können. Wir versichern Ihnen jedoch bereits jetzt, diese Arbeiten schnellstmöglich auszuführen.

Die Verbauarbeiten an der A-Straße sollten, wie bereits beschrieben, von Osten nach Westen ausgeführt werden. Daher ist der o. g. westliche Teilbereich (verschobener Verbau) nur insofern von Bedeutung, dass daran aufgezeigt werden kann, dass im Bereich der A-Straße bis Ende Oktober 2012 in KEINEM Bereich Arbeiten an der Trägerbohlwand ausgeführt werden konnten, die insgesamt eine frühere Fertigstellung der Trägerbohlwand A-Straße ermöglicht hätten.

8.5.3 Fazit

Die Arbeiten an der Trägerbohlwand entlang der A-Straße hätten nach Vorliegen der Ergebnisse der Kampfmittelsondierungen am 27.09.2012 beginnen können; vgl. Kapitel „Fehlende Kampfmittelfreiheit A-Straße".

Das vertraglich vereinbarte Bauverfahren, die Träger für die Trägerbohlwand mittels Drehbohrgerät einzubringen, ließ sich aufgrund der fehlenden Kampfmittelfreiheit jedoch nicht realisieren.

Am 16.10.2012 wurde vom A. entschieden, die „Bohrlöcher" zum Einbau der Verbauträger nicht im vertraglich vereinbarten Drehbohrverfahren, sondern mittels sogenannter „Greiferbohrung" erstellen zu lassen. Das Nachtragsangebot der E. Erdbau GmbH für die Greiferbohrungen wurde vom A. beauftragt.

Durch die Ausführung der Greiferbohrungen verzögerte sich der Einbau der ersten Verbauträger für die Trägerbohlwand A-Straße auf den 29.10.2012.

Der Störungszeitraum umfasst somit die Zeit vom 16.10.2012 bis 28.10.2012.

Leistungsbereitschaft

Es wird darauf hingewiesen, dass der Auftragnehmer E. Erdbau GmbH zum Zeitpunkt des Behinderungseintritts (hier: Ausführung der Nachtragsleistung „Greiferbohrungen") leistungsbereit war.

Nach der Anfrage des Auftraggebers vom 11.10.2012 erhielt dieser bereits am 12.10.2012 das Nachtragsangebot der E. Erdbau GmbH, was die Bereitschaft der E. Erdbau zum schnellstmöglichen Beginn der Verbauarbeiten signalisiert.

Nach Beauftragung des Nachtragsangebotes am 18.10.2012 durch den A. wurde umgehend die Umrüstung des vor Ort befindlichen Seilbaggers vorgenommen (19.10.2012; siehe Bautagesberichte) und am darauffolgenden Montag, 22.10.2012, mit der Ausführung der Nachtragsleistung „Greiferbohrungen" begonnen.

Leistungsfähigkeit
Die Leistungsfähigkeit der bauausführenden Firma E. Erdbau GmbH muss im Zusammenhang mit der Störung des Bauablaufes durch die Nachtragsleistung „Greiferbohrungen" nicht gesondert nachgewiesen werden, da hierdurch keine anderweitigen Bauleistungen negativ beeinflusst wurden.

Sämtliche nachfolgende Leistungen (wie Herstellung des Verbaus, Ausschachtung der Baugrube etc.) haben sich komplett um die Dauer der Nachtragsleistung nach hinten verschoben.

8.6 Aushubmaterial im Baufeld umlagern, Nachtragsleistung

8.6.1 Bau-Soll

Zur Erstellung des Trägerbohlwandverbaus entlang der A-Straße sollten der Bodenaushub und die entsprechende Bodenabfuhr sukzessive mit dem Einbringen der Holzausfachung für den Verbau erfolgen. Das heißt die Holzausfachung des Verbaus war jeweils parallel bzw. unmittelbar nachlaufend zu der Erstellung des Aushubs mit einem maximalen Vorlauf des Aushubes von 50 cm Höhe einzubauen. Die nachfolgenden Abb. 8.12 und 8.13 zeigen die Erstellung der Trägerbohlwand entlang der A-Straße von Osten nach Westen mit sukzessivem Bodenaushub.

Die entsprechende Position des Leistungsverzeichnisses beschreibt, dass der Boden zu lösen, zu laden, abzutransportieren und zu entsorgen ist:

> 83.000 cbm
> **Boden Baugrube Klasse 3–4, Z0**
> Profilgerechtes Lösen, Laden, Abtransportieren und fachgerechtes Entsorgen von Boden ... Der Aushub ist lagenweise, je 50 cm, zu lösen.
> Baugrube teilweise geböscht, teilweise mit Verbaumaßnahmen gemäß Vorbemerkungen und Aushubplan. ...

Es sollte somit keine Zwischenlagerung des Aushubs auf dem Baufeld, sondern eine sofortige Bodenabfuhr erfolgen.

Abb. 8.12 Trägerbohlwandverbau und Aushubarbeiten A-Straße von Osten nach Westen

Abb. 8.13 Trägerbohlwandverbau und Aushubarbeiten A-Straße von Osten nach Westen

Es war eine Gesamtmenge an Bodenaushub (Bodenklasse 3 bis 4, Zuordnung LAGA Z0) von 83.000 cbm ausgeschrieben, gemäß Position 03.02.0010 des Leistungsverzeichnisses:

03.02.0010	83.000 cbm	Bodenaushub, Z0

Ferner waren hierzu folgende Zulagepositionen vertraglich vereinbart worden:

03.02.0020	23.800 cbm	Zulage Z 1.1, für Bodenaushub
03.02.0030	12.200 cbm	Zulage Z 1.2, für Bodenaushub
03.02.0040	2600 cbm	Zulage Z 1.2, für Bodenaushub mit Bauschuttanteil
03.02.0050	4200 cbm	Zulage Z 2, für Bodenaushub mit Bauschuttanteil
03.02.0060	600 t	Zulage größer Z 2, für Bodenaushub

Keine der vertraglich vereinbarten Positionen beinhaltet eine Zwischenlagerung des Bodens auf der Baustelle.

8.6.2 Bau-Ist

Bis Mitte Oktober 2012 waren bereits erhebliche Verzögerungen im Bauablauf eingetreten, siehe vorhergehende Ausführungen zur fehlenden Kampfmittelfreiheit. Weitere Verzögerungen waren Mitte Oktober 2012 bereits absehbar, da zunächst die als Nachtragsleistung an die E. Erdbau GmbH beauftragten Greiferbohrungen ausgeführt werden mussten, bevor mit den Verbau- und Aushubarbeiten an der A-Straße begonnen werden konnte (bis Ende Oktober 2012 konnte in keinem Bereich der Trägerbohlwand A-Straße mit der Ausführung der Verbau- und Erdarbeiten begonnen werden).

Auf Wunsch des Auftraggebers A. sollten daher von der E. Erdbau GmbH Beschleunigungsmaßnahmen ergriffen werden, um den geplanten Termin 07.12.2012 zur Übergabe des südöstlichen Baufeldes (siehe Abb. 8.14) an die durch den A. mit den Hochbauarbeiten beauftragte Firma H. Hochbau GmbH zu erreichen.

Mit Schreiben vom 15.10.2012 bestätigt die E. Erdbau GmbH den Wunsch des A., die Bauausführung der Erd- und Verbauarbeiten im östlichen Bereich des Baufeldes zu beschleunigen:

> … Wir nehmen im Übrigen Ihre Beschleunigungsanordnung [Ihren Beschleunigungswunsch] zur Kenntnis. Wir sind zur Beschleunigung auch grundsätzlich bereit, dies ist jedoch mit Mehrkosten verbunden. Die Ausführung der Beschleunigung wird jedoch, wir bitten insoweit um Verständnis, nur nach vorheriger Beauftragung dem Grunde und der Höhe nach ausgeführt.
>
> [Ergänzung durch die Verfasserin; eine **Anordnung** einer Beschleunigung auf Basis eines Beschleunigungsangebotes der E. Erdbau GmbH o. ä. war noch nicht erfolgt, jedoch der Wunsch nach einer Beschleunigung vom A. geäußert worden.]

Seitens des A. wurde der Wunsch nach Beschleunigungsmaßnahmen in der Baubesprechung vom 16.10.2012 bestätigt.

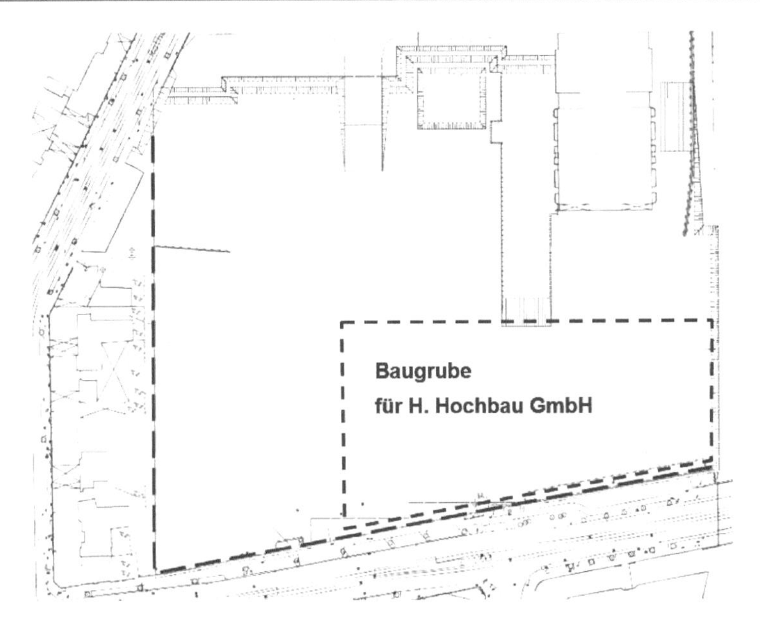

Abb. 8.14 Baugrube für den Baubeginn der Hochbauarbeiten (im Auftrag des A.)

Der A. forderte schließlich in der Baubesprechung vom 30.10.201 die Beschleunigung der Verbauarbeiten an der A-Straße, da der am 24.10.2012 von der E. Erdbau GmbH vorgelegte neue Terminplan einen zu späten Fertigstellungstermin für die Verbauarbeiten A-Straße ausweise. Dies wurde im Baubesprechungsprotokoll wie folgt festgehalten:

> Es wurde am 24.10.2012 ein Terminplan vorgelegt, der den Ablauf der Verbauarbeiten an der A-Straße beinhaltet.
>
> Nach diesem enden die reinen Verbauarbeiten an der A-Straße ohne nachfolgenden Erdbau am 21.12.2012. Dieser Terminplan wird vom A. nicht akzeptiert, auch weil nur unzureichende Beschleunigungsmaßnahmen berücksichtigt wurden. Seitens des Nachunternehmers wird weiterhin nur ein Bohrgerät zugesagt... Die G. Grundbau GmbH argumentiert mit fehlender Auslastung und den Verbaukolonnen sowie Erdarbeiten, die ein zweites Bohrgerät nie „einholen" würden. ...

Tatsächlich war der Fortschritt der Verbauarbeiten nicht von der Geschwindigkeit der Greiferbohrungen oder dem Einbringen der Träger für die Trägerbohlwand abhängig, sondern von den nachfolgenden Aushubarbeiten und gleichzeitigem Einbau der Holzausfachung.

Diese wiederum waren von der Herstellung der Verbauanker und deren Aushärtezeit sowie von der Geschwindigkeit der Bodenabfuhr abhängig, weshalb von der E. Erdbau GmbH die Nachtragsangebote „Herstellen der Verbauanker mit Schnellzement" und „Umlagern des Aushubs im Baufeld" beim A. eingereicht und von diesem beauftragt wurden.

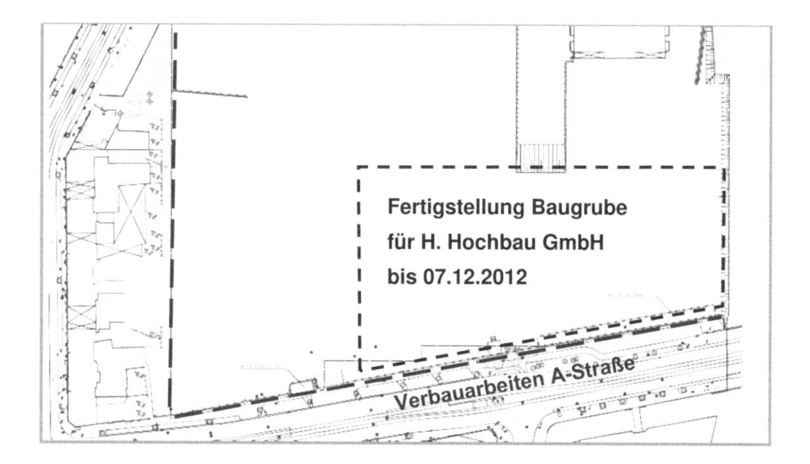

Abb. 8.15 Lageplanskizze der Baugrube für die H. Hochbau GmbH

Der am 24.10.2012 vorgelegte Bauzeitenplan der E. Erdbau GmbH berücksichtigte alle zeitlichen Auswirkungen aufgrund der vorgenannten Störungssachverhalte (fehlende Kampfmittelfreiheit A-Straße und Ausführung von Greiferbohrungen A-Straße). In diesem Bauzeitenplan war für die Fertigstellung der Verbau- und Erdarbeiten an der A-Straße der 21.12.2012 ausgewiesen.

Der Auftraggeber A. wünschte allerdings eine Fertigstellung des mittleren und östlichen Teiles der Verbau- und Erdarbeiten A-Straße nicht zum 21.12.2012, sondern zum 07.12.2012. Hintergrund war der vom A. gegenüber Fa. H. Hochbau GmbH zugesagte Übergabetermin der Baugrube im östlichen Bereich der A-Straße; vgl. Abb. 8.15.

Um den vom A. gewünschten Termin 07.12.2012 zur Übergabe des südöstlichen Baugrubenbereiches an die H. Hochbau GmbH zu gewährleisten, wurden zwei Beschleunigungsmöglichkeiten angedacht und besprochen:

1. Herstellen der Verbauanker mit Schnellzement.

   Die Nachtragsleistung der E. Erdbau GmbH „Herstellen der Verbauanker mit Schnellzement" für 118 Anker an der A-Straße (Träger 22 bis 99, teilweise 2 Anker pro Träger) wurde vom A. in der Baubesprechung vom 30.10.2012 beauftragt. Die schriftliche Beauftragung des Nachtragsangebotes vom 31.10.2012 erfolgte am 30.01.2013 in Höhe von rund 55.000,– € (netto).
2. Zwischenlagerung des Aushubmaterials innerhalb der Baustelle.

   Die Nachtragsleistung „Umlagern des Bodenaushubs im Baufeld" wurde ebenfalls vom A. in der Baubesprechung vom 30.10.2012 beauftragt, die schriftliche Beauftragung des Nachtragsangebotes vom 30.11.2012 erfolgte am 23.01.2013 pauschaliert in Höhe von 95.000,– € (netto).

Abb. 8.16 Einsatz von Traktoren zum Zwischentransport, Foto vom 28.11.2012

Der A. beauftragte somit Nachtragsleistungen in Höhe von rund 150.000,– € (netto), um die Verbauarbeiten an der A-Straße um zwei Wochen zu beschleunigen, damit die Baugrube für die H. Hochbau GmbH beschleunigt zum 07.12.2012 (statt zum 21.12.2012 gemäß Bauzeitenplan vom 24.10.2012) von der E. Erdbau GmbH erstellt werden konnte.

Die E. Erdbau GmbH hatte darauf hingewiesen, dass der zur Erstellung des Verbaus A-Straße und der Baugrube für die H. Hochbau GmbH auszuschachtende Boden nicht in der Geschwindigkeit abgefahren werden konnte, wie es zur Einhaltung des gewünschten Termins 07.12.2012 notwendig gewesen wäre, da entsprechende LKW-Kapazitäten nicht zur Verfügung standen.

Daher entstand die Überlegung, ein Zwischenlager zu schaffen für die Bodenmassen, die nicht direkt entsorgt werden konnten. Der Boden wurde, soweit LKW für die Bodenabfuhr zur Verfügung standen, sofort abgefahren, der weitere Boden wurde auf Traktoren mit Anhängern verladen (die nur zum Einsatz innerhalb der Baustelle geeignet sind) und zu einem Zwischenlager auf der Baustelle an der B-Straße gefahren, siehe Abb. 8.16 und 8.17.

Neben der beschleunigten Ausführung der Aushubarbeiten an der A-Straße war eine Folge der Zwischenlagerung, dass diese Zwischenlagerung des Bodens im Bereich der B-Straße auch Auswirkungen auf die Bauausführung an der B-Straße haben würde. In welchem Umfang, war allen Beteiligten nicht bekannt.

Den Beteiligten (der E. Erdbau GmbH und ihrem Nachunternehmer G. Grundbau GmbH, aber auch dem Auftraggeber A.) war aber bewusst, dass sich die Zwischenlagerung des Bodens im Bereich der Verbautrasse der B-Straße auf die Ausführungszeit der Verbauarbeiten B-Straße und damit auf den Gesamtfertigstellungstermin auswirken würde.

Nach Angabe von Herrn B., Bauleiter der E. Erdbau GmbH, wurde diesbezüglich mehrfach von Mitarbeitern des A. bei Baustellenterminen bestätigt, dass „solange der Termin

Abb. 8.17 Traktoren für Transport innerhalb des Baufeldes, Sattelzüge für Abfuhr zur Kippe, Foto vom 28.11.2012

Abb. 8.18 Trägerbohlwandverbau an A-Straße, Foto vom 07.12.2012

07.12.2012 für den Baubeginn der Hochbauarbeiten der Fa. H. Hochbau GmbH an der A-Straße gehalten würde, der Termin für die Fertigstellung der Verbauarbeiten entlang der B-Straße sich ohne weiteres nach hinten verschieben lassen könne." Die in diesem Bereich vom A. geplanten Hochbauarbeiten würden ohnehin sehr viel später beginnen. Diese Aussage wird von Herrn G., Geschäftsführer der G. Grundbau GmbH, bestätigt.

Die Abb. 8.18 zeigt, dass der Trägerbohlwandverbau entlang der A-Straße im östlichen Bereich tatsächlich zu dem vom A. gewünschten Termin 07.12.2012 fertig gestellt war und dieser Bereich termingerecht von der E. Erdbau GmbH an den Auftraggeber A. bzw. von diesem an die H. Hochbau GmbH übergeben werden konnte. Dies wird durch die vorliegenden Abnahme- bzw. Übergabeprotokolle bestätigt.

Die Beauftragung der Nachtragsleistung „Umlagern des Bodenaushubs im Baufeld" zur Beschleunigung der Verbauarbeiten an der A-Straße führte jedoch dazu, dass rund 16.500 cbm Bodenaushub im Bereich zwischen der Baustellenzufahrt und der B-Straße zwischengelagert wurden – und diese Bodenmiete später die Verbau- und Aushubarbeiten an der B-Straße behinderte, siehe Abb. 8.19 und 8.20.

Abb. 8.19 Bodenmiete zwischen Baustellenzufahrt und B-Straße. Blick von Norden Richtung A-Straße; Foto vom 26.02.2013

Abb. 8.20 Ehemaliger Verlauf des Böschungsfußes der Bodenmiete. Blick von Norden Richtung A-Straße; Foto vom 26.02.2013

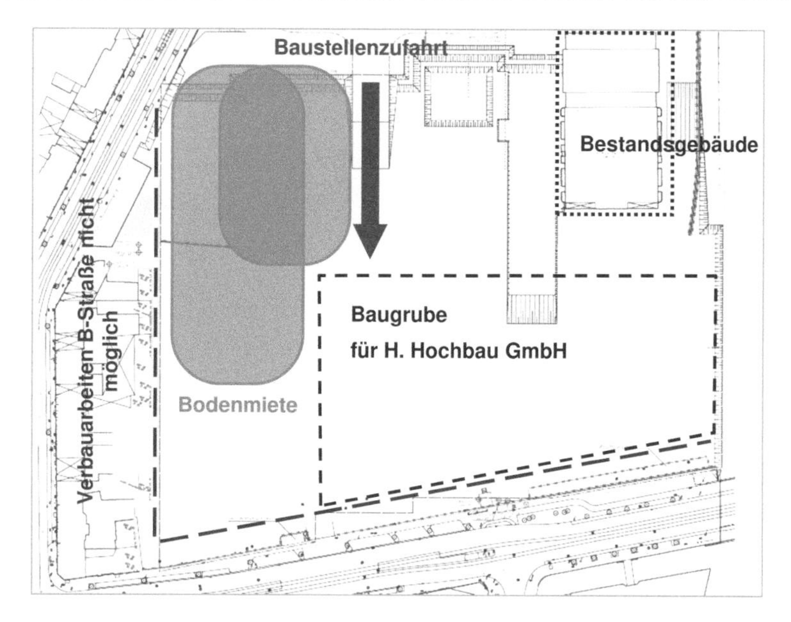

Abb. 8.21 Übersichtsplan Baugelände

In Abb. 8.21 ist die seinerzeitige Situation der Arbeits-, Lager- und Zufahrtsflächen auf der Baustelle dargestellt.

Die Zufahrt erfolgte von Norden, von der B-Straße aus, zunächst nur über die in Abb. 8.21 dargestellte Zufahrtsrampe.

Die Verbauarbeiten an der A-Straße mit gleichzeitigen Aushubarbeiten sollten von Osten nach Westen erfolgen, um zunächst die Baugrube für die vom A. mit den Hochbauarbeiten beauftragte Firma H. Hochbau GmbH zur Verfügung zu stellen.

Aufgrund des bestehenden Gebäudes im Osten und der sich daneben befindenden Baustellenzufahrt sowie der Baugrube im Südosten war eine Zwischenlagerung des Bodens nur im westlichen Bereich des Baufeldes möglich, also parallel zur B-Straße.

Der Boden sollte außerdem so gelagert werden, dass die Bodenmiete auch im weiteren Verlauf der Baumaßnahme noch gut von der Baustellenzufahrt bzw. Baustraße aus erreichbar sein würde, um das Verladen des Bodens auf LKW und die Abfuhr gewährleisten zu können.

8.6.3 Fazit

Um den Aushub für die Trägerbohlwand an der B-Straße und den Einbau der Holzausfachung beginnen zu können, musste zunächst die Bodenmiete, die parallel der B-Straße gelagert war, aufgeladen und abgefahren werden.

Abb. 8.22 Fotos vom 12.02.2013, Baugrubenecke A-Straße/B-Straße. Verbau B-Straße wird von Ecke Richtung Norden ausgeführt

Die Verbauträger für die Trägerbohlwand B-Straße waren in der Zeit vom 19.11. bis 26.11.2012 eingebaut worden; vgl. Bautagesberichte und Ist-Bauablaufplan.

Somit hätte mit den Ausschachtungsarbeiten und dem Einbau der Holzausfachung spätestens am 26.11.2012 begonnen werden können.

Leistungsbereitschaft

Entsprechendes Personal und Gerät zur Erstellung des Holzausfachung zwischen den bereits eingebrachten Verbauträgern und zur Ausführung der Aushubarbeiten war (u. a. zur Fertigstellung der Verbau- und Aushubarbeiten A-Straße) vor Ort und hätte umgehend die Verbau- und Aushubarbeiten an der B-Straße beginnen können.

Auch waren zu dieser Zeit, ausweislich der vom Auftraggeber A. gegengezeichneten Bautagesberichte mehrere 35-t-Bagger von der E. Erdbau GmbH eingesetzt, zur Beschickung der Siebanlage und Verladen des ausgesiebten Materials auf LKW etc. Diese hätten für die Aushubarbeiten entlang der B-Straße eingesetzt werden können.

Leistungsfähigkeit

Die Leistungsfähigkeit der bauausführenden Firma E. Erdbau GmbH muss im Zusammenhang mit der Störung des Bauablaufes durch die Nachtragsleistung „Zwischenlagerung des Aushubs im Baufeld" nicht gesondert nachgewiesen werden, da durch diese Störung im Bauablauf keine anderweitigen Bauleistungen in ihrer Ausführungsdauer negativ beeinflusst wurden, sondern sich diese komplett verschoben. Sämtliche nachfolgende Leistungen (wie Einbringen der Holzausfachung und Durchführung der Aushubarbeiten entlang der B-Straße etc.) haben sich nicht in Ihrer Ausführungsdauer verändert, sondern komplett nach hinten verschoben.

Der Einbau der Holzausfachung in die Trägerbohlwand B-Straße konnte im November und Dezember 2012 nur ganz vereinzelt in Teilbereichen stattfinden, da der Bereich der Trägerbohlwand B-Straße aufgrund der im Baufeld gelagerten Bodenmiete nicht zugänglich war. Ein kontinuierlicher Einbau des Holzverbaus konnte erst nach weitgehender Abfuhr des Bodens ab dem 04.02.2013 erfolgen, siehe Abb. 8.22.

Der Störungszeitraum umfasst somit die Zeit vom 26.11.2012 bis 04.02.2013.

8.7 Aushubmaterial sieben, Nachtragsleistung

8.7.1 Bau-Soll

Wie zuvor bereits beschrieben ist, waren zwischen der E. Erdbau GmbH und dem Auftraggeber A. der Aushub und die Abfuhr von 83.000 cbm Boden (Bodenklasse 3 bis 4, Zuordnung LAGA Z0) vertraglich vereinbart, sowie Zulagepositionen für Aushub und Abfuhr von Boden Z 1.1 bis größer Z 2 und Zulagepositionen für Aushub und Abfuhr von Boden mit Bauschuttanteil Z 1.2 und Z 2.

Außerdem sollten gemäß Leistungsverzeichnis von der E. Erdbau GmbH der Ausbau und die Entsorgung von rund 320 cbm Mauerwerk und Beton durchgeführt werden:

03.02.0080	200 cbm	Mauerwerk im Boden ausbauen, Wanddicke 40 cm
03.02.0090	40 cbm	Mauerwerk im Boden ausbauen, Wanddicke 40–60 cm
03.02.0100	238 cbm	Mauerwerk, wie in vorh. Pos. beschrieben, abfahren und entsorgen
03.02.0110	50 cbm	Beton im Boden ausbauen, Dicken bis 40 cm
03.02.0120	30 cbm	Beton im Boden ausbauen, Wanddicke 40–60 cm
03.02.0130	80 cbm	Beton, wie in vorh. Pos. beschrieben, abfahren und entsorgen

Bei „Boden mit Bauschuttanteil“ darf der Anteil an Bauschutt aus abfallrechtlichen Gründen 10 % nicht überschreiten[1]. Ebenfalls darf bei der Entsorgung von „Bauschutt“ je nach Verwertungsstelle dieser aus abfallrechtlichen Gründen nur einen Bodenanteil von 10 bis 15 % enthalten.

Insoweit war von der E. Erdbau GmbH vorgesehen, jeweils Mauerwerksabbruch, Betonabbruch, Bodenaushub etc. so auszuführen, dass der Boden ohne wesentlichen Bauschuttanteil und der Bauschutt ohne wesentlichen Bodenanteil entsorgt werden konnte.

[1] Siehe „Technische Regeln für die Verwertung von Bodenmaterial“ der LAGA (Ländergemeinschaft Abfall).

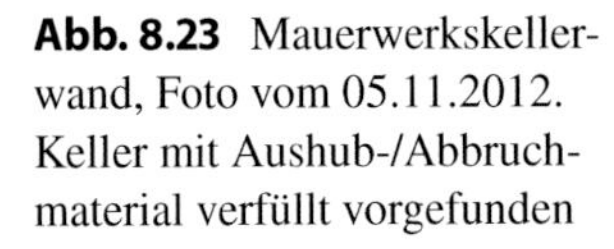
Abb. 8.23 Mauerwerkskellerwand, Foto vom 05.11.2012. Keller mit Aushub-/Abbruchmaterial verfüllt vorgefunden

Entlang der A-Straße befanden sich im Boden noch die Kellerräume der vor Beginn der Erdbaumaßnahmen bereits abgebrochenen Gebäude, siehe Abb. 8.23. Hier waren die Kellerdecken abgebrochen und die Kellerräume mit Boden oder Boden-Bauschutt-Gemisch verfüllt und mit Boden überdeckt worden. Zur Erstellung der Bohrebene (zum Einbringen der Sondierbohrungen und der Verbauträger an der A-Straße) war weiterer Boden von der E. Erdbau GmbH oberhalb der Kellerräume eingebaut worden.

Nach Einbau der Verbauträger sollte nun von der E. Erdbau GmbH der Boden oberhalb der Kellerräume abgeschachtet und entsorgt werden.

Danach sollte das Boden-Bauschutt-Gemisch aus den Kellerräumen ausgehoben und entsorgt werden, siehe entsprechende Position des Leistungsverzeichnisses:

> 1220 cbm
> Profilgerechtes Lösen von Aushubmaterialien/Auffüllungen aus Kellerräumen, bestehend aus einem Gemisch aus Bauschutt, Ziegeln, Aschen, Schlacken, ... Transport zu einer Siebanlage sowie Siebung der gesamten Materialien. ... Verladen, Abtransport und ordnungsgemäße Entsorgung ...

Eine Siebanlage der E. Erdbau GmbH befand sich daher seit dem 11.09.2012 auf der Baustelle.

Die aus Mauerwerk und/oder Beton bestehenden Kellerwände und Kellerfußböden sollten im Anschluss abgebrochen und das Material als „Bauschutt" entsorgt werden. Ein Sieben des anfallenden Materials war nur für die o. g. 1220 cbm Aushub-/Abbruchmaterial vorgesehen.

Boden und Bauschutt sollten also während des Aushubs/Abbruchs soweit getrennt werden, dass diese von der Verwertungsstelle/Kippe entweder als „Bodenaushub" oder „Bauschutt" (Mauerwerk, Beton) angenommen worden wären.

Insoweit ist die Möglichkeit des Trennens und der getrennten Entsorgung Grundlage des von der E. Erdbau GmbH geplanten Bauablaufes.

8.7.2 Bau-Ist

Gemäß der Abrechnung der E. Erdbau GmbH zum Nachtrag „Aushubmaterial im Baufeld umlagern“ (vgl. auch Kapitel „Aushub im Baufeld umlagern“) wurden rund 16.500 cbm Bodenaushub und Bauschutt aus dem Bereich der Trägerbohlwand A-Straße auf dem Baufeld zwischengelagert, um den Erdaushub an der A-Straße und damit die Arbeiten an der Trägerbohlwand A-Straße beschleunigen zu können.

Dieser Aushub und die Umlagerung des ausgehobenen Materials (Boden, Bauschutt, Mauerwerksabbruch, Betonabbruch, …, siehe Abb. 8.24 und 8.25) wurden in der Zeit

Abb. 8.24 Mit Boden verfüllte Keller vorgefunden an Verbau A-Straße, Foto vom 16.11.2012

Abb. 8.25 Kellerwand und Fundament aus Mauerwerk, rechts und links mit Aushub angefüllt vorgefunden

vom 05.11. bis 07.12.2012 vorgenommen, um den vom Auftraggeber A. geplanten Übergabetermin der Baugrube an die von ihm beauftragte Firma H. Hochbau GmbH am 07.12.2012 zu ermöglichen.

Da der Aushub entlang der A-Straße und die Zwischenlagerung des ausgehobenen Materials in dieser Zeit stark beschleunigt vorgenommen werden mussten, konnte der Bauschutt (Mauerwerks- und Betonabbruch) und der Bodenaushub überwiegend nicht getrennt werden, da das hierfür notwendige sorgfältigere Ausschachten erheblich mehr Zeit in Anspruch genommen hätte.

Seit der Baubesprechung vom 30.10.2012, bei der auch die Nachtragsleistungen „Herstellen der Anker mit Schnellzement" und „Umlagern des Aushubbodens im Baufeld" vom A. an die E. Erdbau GmbH beauftragt wurden, war dem A. auch bekannt, dass die beschleunigten Aushubarbeiten an der A-Straße zu einem späteren Mehraufwand für die Trennung der Materialien führen würden.

Bei dieser Baubesprechung wurde zum wiederholten Male von Mitarbeitern des A. gegenüber der E. Erdbau GmbH angesprochen, dass der gewünschte Termin 07.12.2012 für die Übergabe des Baufeldes an die vom A. beauftragte Firma H. Hochbau GmbH unter allen Umständen zu halten sei.

Nach Aussage von Herrn E., Geschäftsführer der E. Erdbau GmbH, wurde diesem bei der Besprechung außerdem vom A. mitgeteilt, er müsse sich über die Bezahlung von auszuführenden Nachtragsleistungen keinerlei Sorgen machen. Oberste Priorität habe es, den Termin 07.12.2012 für die Übergabe an Firma H. Hochbau GmbH einzuhalten. Denn mit der H. Hochbau GmbH sei eine Vertragsstrafe bei Überschreitung des 07.12.2012 vereinbart, die erheblich höher sei, als die Kosten für die von der E. Erdbau GmbH auszuführenden Nachtragsleistungen.

Bodenaushub und Abbruchmaterialien wurden somit von der E. Erdbau GmbH direkt gemeinsam auf LKW bzw. Traktoren mit Anhängern verladen und zum Zwischenlager transportiert. Reines/unvermischtes Aushub- oder Abbruchmaterial wurde mit LKW direkt zur Kippe abgefahren. Die seinerzeit vorgefundene Situation ist in Abb. 8.26 dokumentiert.

Um das beschleunigte Ausheben des Bodens und den beschleunigten Abbruch der vorhandenen Keller zu ermöglichen, wurde nicht (wie geplant und gemäß Ausschreibung vorgesehen) zunächst der Aushubboden aus oder neben den Kellerräumen ausgeschachtet und danach die Kellerwände und Kellerböden, Fundamente etc. abgebrochen. Sondern die für den Bodenaushub an der A-Straße eingesetzten 35 to-Bagger wurden mit Baggerlöffeln mit Felszähnen ausgestattet, um Aushub des Bodens und Abbruch der Kellerwände gleichzeitig vornehmen zu können, also die Kellerwände mit der Bodenausschachtung direkt mit „auszuschachten", siehe Abb. 8.27.

Das Material am Zwischenlager enthielt folglich vollständig durchmischte Anteile von Bodenaushub und Abbruchmaterialien (Mauerwerk, Beton etc.), siehe Abb. 8.28.

Das zwischengelagerte Material, das aus einer Durchmischung von Bodenaushub und Bauschutt bestand, sollte dann später zu entsprechenden Kippen/Verwertungsstellen für Bodenaushub bzw. Bauschutt abgefahren werden.

Abb. 8.26 Verbau- und Aushubarbeiten A-Straße, Sicht auf mit Aushub verfüllte Keller, Foto vom 14.11.2012

Da, wie zuvor bereits beschrieben, der zu entsorgende Bodenaushub nur einen Bauschuttanteil von maximal 10 % aufweisen darf, und der zu entsorgende Bauschutt wiederum nur zu 10 bis 15 % mit Boden durchsetzt sein darf, musste das Bauschutt-Boden-Gemisch vor der Abfuhr wieder getrennt werden.

Für das Trennen/Aussieben der ausgeschriebenen 1220 cbm „Aushubmaterialien/Auffüllungen aus Kellerräumen, bestehend aus einem Gemisch aus Bauschutt, Ziegeln, Aschen, Schlacken, …“ war seit dem 11.09.2012 eine Siebanlage von der E. Erdbau GmbH vor Ort eingesetzt.

Abb. 8.27 Bagger bei Ausschachtungsarbeiten A-Straße

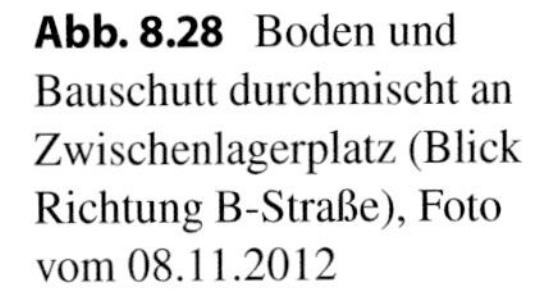
Abb. 8.28 Boden und Bauschutt durchmischt an Zwischenlagerplatz (Blick Richtung B-Straße), Foto vom 08.11.2012

Durch den beschleunigten Aushub des Bodens entlang der A-Straße und die oben beschriebene Vorgehensweise erhöhte sich jedoch der Anteil des vor der Abfuhr zu trennenden Boden-Bauschutt-Gemisches erheblich, von ausgeschriebenen 1220 cbm auf rund 16.500 cbm.

Wie schon im Kapitel „Aushubmaterial im Baufeld umlagern" beschrieben ist, war allen Beteiligten (der E. Erdbau GmbH, ihrem Nachunternehmer für die Verbauarbeiten G. Grundbau GmbH und auch dem Auftraggeber A.) bewusst, dass diese Zwischenlagerung des Bodens im Bereich der B-Straße auch Auswirkungen auf die Bauausführung der Verbauarbeiten an der B-Straße und damit auf den Gesamtfertigstellungstermin haben würde.

In welchem Umfang, war allen Beteiligten nicht bekannt, da sowohl die an der A-Straße auszuhebende Bodenmenge als auch der Anteil des nachträglich zu trennenden Boden-Bauschutt-Gemischs zu diesem Zeitpunkt nur überschlägig abgeschätzt werden konnte.

Wie zuvor im Kapitel „Aushubmaterial im Baufeld umlagern" bereits beschrieben ist, wurde, nach Angabe von Herrn B., Bauleiter der E. Erdbau GmbH, mehrfach von Mitarbeitern des A bei Baustellenterminen bestätigt, dass „solange der Termin 07.12.2012 für den Baubeginn der Hochbauarbeiten der Fa. Hochbau GmbH an der A-Straße gehalten würde, der Termin für die Fertigstellung der Verbauarbeiten B-Straße keinerlei Bedeutung mehr habe und sich ohne weiteres nach hinten verschieben lassen könne." Die in diesem Bereich vom A. geplanten Hochbauarbeiten würden ohnehin sehr viel später beginnen, daher sei die Fertigstellung der Verbauarbeiten in diesem Bereich entlang der B-Straße nicht terminkritisch.

Von der E. Erdbau GmbH wurde am 14.12.2012 ein Nachtragsangebot beim A. für die zusätzlichen Siebarbeiten eingereicht, in dem auch auf die Auswirkungen hinsichtlich der Bauzeitverlängerung hingewiesen wurde:

... im Zuge der von uns durchgeführten beschleunigten Erdarbeiten mussten wir das anstehende Auffüllungsmaterial innerhalb der Baustelle umlagern (vergl. Nachtrag „Umlagern des Aushubmaterials im Baufeld"):

Im Zuge dieser Beschleunigungsmaßnahme konnten vereinbarungsgemäß die alten Fundamentreste nicht sortenrein vom anstehenden Auffüllungsmaterial getrennt werden. Hierdurch ist es zwangsläufig zu einer Durchmischung von Auffüllungsmaterial mit erheblichen Anteilen Bauschutt gekommen. Nunmehr muss aus abfallrechtlichen Gründen der Bauschuttanteil vom übrigen Auffüllungsmaterial mittels einer Siebanlage getrennt werden.

...

Wir weisen darauf hin, dass sich durch diese zusätzlichen bzw. geänderten Leistungen die Ausführungsfristen verlängern. Die Geltendmachung eines Bauzeitverlängerungsanspruches sowie hieraus resultierender Mehrkosten bleiben vorbehalten.

Den Kalkulationsnachweis fügen wir anliegend bei.

Dem diesem Nachtragsschreiben beigefügten Kalkulationsnachweis ist zu entnehmen, dass die Leistung der Siebanlage 50 cbm/Std. beträgt.

8.7.3 Fazit

Zur Beschleunigung der Aushubarbeiten an der A-Straße wurde das dort anfallende Aushub- und Abbruchmaterial (Kellerwände, Fundamente etc. aus Mauerwerk und Beton) zunächst auf ein Zwischenlager innerhalb der Baustelle gefahren, da zur beschleunigten Abfuhr des Materials nicht genug LKW-Kapazitäten zur Verfügung standen.

Aufgrund der beschleunigt ausgeführten Aushubarbeiten wären deutlich mehr LKW nötig gewesen als die E. Erdbau GmbH vertraglich einzusetzen hatte, die aber zu dieser Zeit – trotz Einsatz aller eigenen LKW der E. Erdbau GmbH und aller im Umkreis der Baustelle verfügbaren Fuhrunternehmer als Nachunternehmer – nur in begrenzter Anzahl verfügbar waren.

Die Umlagerung des Bodens erfolgte im Zeitraum 05.11.2012 bis 07.12.2012. Das Zwischenlager befand sich im Bereich der B-Straße.

Bei den stark beschleunigt ausgeführten Aushub- und Abbrucharbeiten an der A-Straße wurde der Bodenaushub nicht von den Abbruchmaterialien getrennt, da dies zu viel Zeit in Anspruch genommen hätte. Hier hätte zunächst jeweils erst der Aushub aus den verfüllten Kellerräumen und entlang den vorhandenen Kellerwänden sorgfältig vorgenommen und im Anschluss die Kellerwände, der Kellerboden, die Fundamente etc. sorgfältig abgebrochen werden müssen, was sehr viel mehr Zeit beansprucht hätte als die tatsächlich gewählte Vorgehensweise, Aushub- und Abbruchmaterialien direkt zusammen „auszuschachten".

Rund 16.500 cbm Boden-Bauschutt-Gemisch von der A-Straße wurden an der B-Straße zwischengelagert.

Die Menge des auszusiebenden Materials erhöhte sich somit von vertraglich vereinbarten 1220 cbm auf rund 16.500 cbm.

Um dann die Verbauarbeiten an der B-Straße beginnen zu können, musste zunächst das hier zwischengelagerte Aushub- und Abbruchmaterial entsorgt werden. Hierfür musste eine Trennung der Materialien mittels Siebanlage vorgenommen werden, da die Verwertungsstellen jeweils Bodenaushub nur mit einem Bauschuttanteil von maximal 10 % und Bauschutt nur mit einem Bodenanteil von maximal 10 bis 15 % annehmen. Die Entsorgungsgeschwindigkeit war somit neben der Anzahl der für die Abfuhr eingesetzten LKW von der Leistung der eingesetzten Siebanlage abhängig.

Die Verbauträger für die Trägerbohlwand B-Straße waren in der Zeit vom 19.11. bis 26.11.2012 eingebaut worden; vgl. Bautagesberichte und Ist-Bauablaufplan. Somit hätte mit den Ausschachtungsarbeiten und dem Einbau der Holzausfachung an der B-Straße am 26.11.2012 begonnen werden können.

Der Einbau der Holzausfachung in die Trägerbohlwand B-Straße konnte jedoch im November und Dezember 2012 nur ganz vereinzelt in Teilbereichen stattfinden, da der Bereich der Trägerbohlwand B-Straße aufgrund der im Baufeld gelagerten Bodenmiete nicht zugänglich war. Ein kontinuierlicher Einbau des Holzverbaus konnte erst nach weitgehender Abfuhr des Bodens ab dem 04.02.2013 erfolgen.

Der Störungszeitraum umfasst somit die Zeit vom 26.11.2012 bis 04.02.2013.

Leistungsbereitschaft

Die Träger für die Trägerbohlwand B-Straße waren in der Zeit vom 19.11. bis 26.11.2012 eingebaut worden; vgl. Bautagesberichte und Ist-Bauablaufplan. Somit hätte mit den Ausschachtungsarbeiten und dem Einbau der Holzausfachung an der B-Straße spätestens am 26.11.2012 begonnen werden können.

Entsprechendes Personal und Gerät zur Erstellung des Holzausfachung zwischen den bereits eingebrachten Verbauträgern und zur Ausführung der Aushubarbeiten war (zur Fertigstellung der Verbau- und Aushubarbeiten A-Straße) vor Ort und hätte umgehend die Verbau- und Aushubarbeiten an der B-Straße beginnen können.

Auch waren zu dieser Zeit, ausweislich der vom A. gegengezeichneten Bautagesberichte, mehrere 35-t-Bagger von der E. Erdbau GmbH eingesetzt, zur Beschickung der Siebanlage und Verladen des ausgesiebten Materials auf LKW etc. Diese hätten für die Aushubarbeiten entlang der B-Straße eingesetzt werden können.

Leistungsfähigkeit

Die Leistungsfähigkeit der bauausführenden Firma E. Erdbau GmbH muss im Zusammenhang mit der Störung des Bauablaufes durch die Nachtragsleistung „Aushubmaterial sieben“ nicht gesondert nachgewiesen werden, da durch diese Störung im Bauablauf keine anderweitigen Bauleistungen in ihrer Ausführungsdauer negativ beeinflusst wurden, sondern sich diese komplett verschoben.

Sämtliche nachfolgende Leistungen (wie Einbringen der Holzausfachung und Durchführung der Aushubarbeiten entlang der B-Straße etc.) haben sich nicht in Ihrer Ausführungsdauer verändert, sondern komplett nach hinten verschoben.

8.8 Mengenmehrung „Boden mit Bauschutt Z 1.2"

8.8.1 Bau-Soll

Es waren eine Gesamtmenge an Bodenaushub und -abfuhr von 83.000 cbm sowie entsprechende Zulagepositionen für Boden Z 1.1 bis größer Z 2 sowie Zulagepositionen für Boden mit Bauschuttanteil Z 1.2 und Z 2 vertraglich zwischen der E. Erdbau GmbH und dem Auftraggeber A. vereinbart:

Menge	Positionstext
83.000 cbm	Bodenaushub, Bodenklasse 3 bis 4, Zuordnung LAGA Z 0
23.800 cbm	Zulage Z 1.1, Bodenaushub
12.200 cbm	Zulage Z 1.2, Bodenaushub
2600 cbm	Zulage Z 1.2, Bodenaushub mit Bauschuttanteil
4200 cbm	Zulage Z 2, Bodenaushub mit Bauschuttanteil
600 t	Zulage größer Z 2, Bodenaushub

Bodenaushub und Laden

Bei einer vertraglichen Gesamtbauzeit von 14 Wochen (17.09. bis 21.12.2012) hätte nach erfolgter Baustelleneinrichtung spätestens ab der zweiten Woche mit dem Aushub und der Bodenabfuhr begonnen werden können.

Dies war in dem von der E. Erdbau GmbH erstellten und beim Auftraggeber A. eingereichten Bauablaufplan so vorgesehen (vgl. Abb. 8.29) und bestätigt sich ebenfalls im Ist-Bauablauf.

Nach Durchführung der Kampfmittelsondierungen hätten ab 27.09.2012 die ersten Verbauträger eingebaut werden können und ab dem 01.10.2012 mit dem Einbau der Holzausfachung begonnen werden können, so dass sich der weitere Aushub über den Zeitraum 01.10. bis 21.12.2012 (12 Wochen) erstreckt hätte.

Zur Herstellung der Bohrebene an der A-Straße, die vom 17.09. bis 21.09.2012 (1 Woche) hergestellt wurde, wurden bereits Bodenaushub und -abfuhr vorgenommen.

In der Woche vom 24.09. bis 28.09.2012 wurde ebenfalls Boden ausgehoben und abgefahren, so dass im Ist-Bauablauf durch den früheren Beginn der Ausführung (10.09. statt 17.09.2012) sogar 14 Wochen bis zum vertraglichen Fertigstellungstermin 21.12.2012 für die Bodenabfuhr zur Verfügung gestanden hätten – sofern keine Störungen im Bauablauf aufgetreten wären.

Die E. Erdbau GmbH war bei ihrer Planung des Bauablaufes davon ausgegangen, dass insgesamt 13 Wochen für die Erdarbeiten, also Bodenaushub und Bodenabfuhr zur Verfügung stehen; siehe auch Abb. 8.29 „Bauzeitenplan der E. Erdbau GmbH".

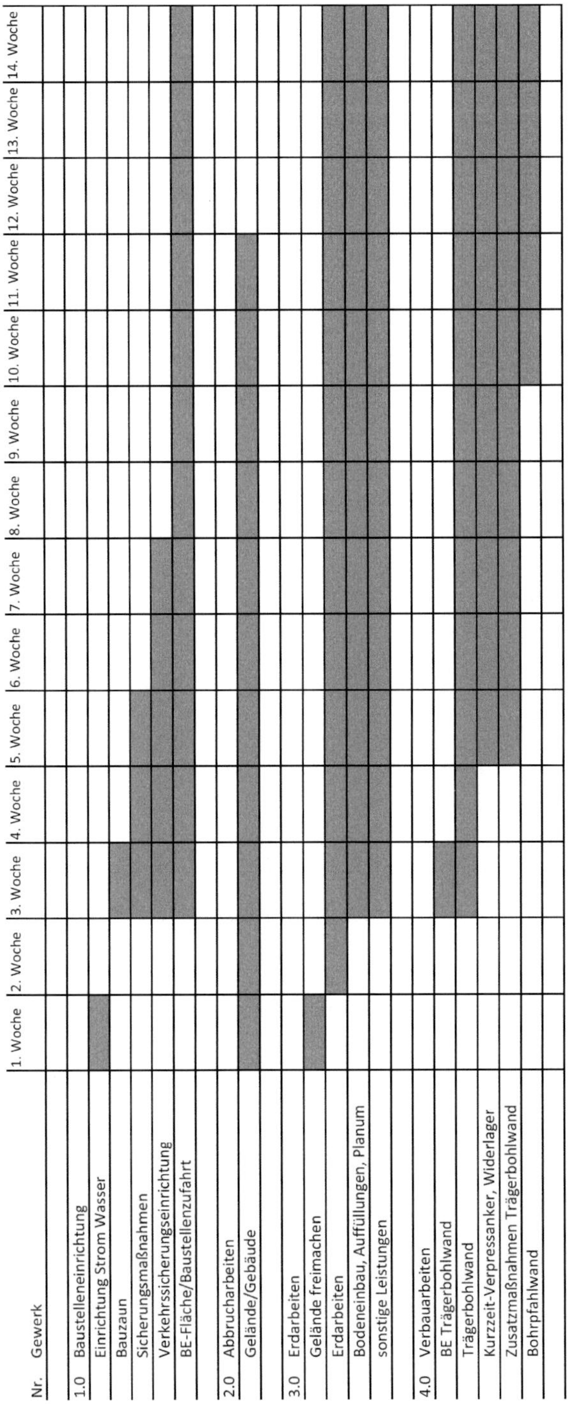

Nr.	Gewerk	1. Woche	2. Woche	3. Woche	4. Woche	5. Woche	6. Woche	7. Woche	8. Woche	9. Woche	10. Woche	11. Woche	12. Woche	13. Woche	14. Woche
1.0	Baustelleneinrichtung														
	Einrichtung Strom Wasser														
	Bauzaun														
	Sicherungsmaßnahmen														
	Verkehrssicherungseinrichtung														
	BE-Fläche/Baustellenzufahrt														
2.0	Abbrucharbeiten														
	Gelände/Gebäude														
3.0	Erdarbeiten														
	Gelände freimachen														
	Erdarbeiten														
	Bodeneinbau, Auffüllungen, Planum														
	sonstige Leistungen														
4.0	Verbauarbeiten														
	BE Trägerbohlwand														
	Trägerbohlwand														
	Kurzzeit-Verpressanker, Widerlager														
	Zusatzmaßnahmen Trägerbohlwand														
	Bohrpfahlwand														

Abb. 8.29 Bauzeitenplan der E. Erdbau GmbH

Die komplette Bodenabfuhr der o. g. Positionen hätte sich somit über 13 Wochen erstreckt, so dass i. M.

$$83.000\,\text{cbm} : 13\,\text{Wochen} = 6384{,}62\,\text{cbm/Woche}$$

ausgehoben und abgefahren werden sollten.

Bei 5 Arbeitstagen pro Woche und 8,5 Stunden pro Arbeitstag sind somit

$$6384{,}62\,\text{cbm/Woche} : (5\,\text{AT} * 8{,}5\,\text{Std./AT}) = 150{,}23\,\text{cbm/Std.}$$

auszuschachten, auf LKW zu verladen und abzufahren.

Die Leistung des Baggers zum Laden der LKW ist mit 76,531 cbm/Std. kalkuliert (gemäß Kalkulation der E. Erdbau GmbH), so dass die insgesamt notwendige Aushub- und Ladeleistung von 150,23 cbm/Std. mit 2 Baggern (Bagger entsprechend der kalkulierten Größe „PC 350“ = 35-t-Bagger) erreicht würde:

$$2 * 76{,}531\,\text{cbm/Std.} = 153{,}06\,\text{cbm/Std.} > 150{,}23\,\text{cbm/Std.}$$

Hier ist von der E. Erdbau GmbH kalkulatorisch mit 76,531 cbm/Std. eine sehr geringe Leistung für einen 35-t-Bagger angenommen worden.

Als Richtwert für die Aushubleistung ist anzusetzen[2]:

$$100\,\text{cbm/Std. je cbm Löffelinhalt}$$

Das maximale Löffelvolumen des kalkulierten Baggers PC 350 beträgt 2,66 cbm. Selbst bei Einsatz eines kleineren Baggerlöffels mit nur 1,5 cbm Inhalt hätte ein Bagger der Größe eines PC 350 folgende Aushubleistung erbracht:

$$100\,\text{cbm/Std.} * 1{,}5 = 150\,\text{cbm/Std.}$$

Somit hätte die durchschnittlich notwendige Ladeleistung von rund 150 cbm/Std. von **einem** 35-t-Bagger erbracht werden können.

Bodenabfuhr

Für die vertraglich vorgesehene Bodenabfuhr von 83.000 cbm **Bodenaushub Z 0** war von der E. Erdbau GmbH eine Verwertung des Bodens bei anderen Baumaßnahmen innerhalb des Stadtgebietes, also mit einer maximalen Umlaufzeit pro Tour von 65 min, vorgesehen.

Dies ist der Kalkulation der E. Erdbau GmbH, die auch dem Auftraggeber A. vorliegt, zu entnehmen.

$$15\,\text{min Laden} + 20\,\text{min Fahrt} + 10\,\text{min Kippen} + 20\,\text{min Fahrt} = 65\,\text{min Umlaufzeit}$$

[2] Hüster, Leistungsberechnung der Baumaschinen.

Anzahl notwendiger LKW:

83.000 cbm : 13 Wochen = 6384,62cbm/Woche

6384,62 cbm/Woche : (5 AT ∗ 8,5 Std./AT) = 150,23 cbm/Std.

150,23 cbm/Std. : 13,5 cbm/LKW = 11,13 Touren/Std.

11,13 Touren/Std. : 60 min/Std. ∗ 65 min/Umlauf = 12,06 LKW

Bei einer täglichen Arbeitszeit von 8,5 Stunden und Durchführung der Bodenabfuhr an 5 Arbeitstagen pro Woche hätte die E. Erdbau GmbH für die Abfuhr der gesamten 83.000 cbm **Bodenaushub Z 0** innerhalb der geplanten 13 Wochen durchschnittlich 12,06 LKW benötigt.

Für die Abfuhr der 28.800 cbm **Bodenaushub Z 1.1 (Zulage)** zur vorgesehenen Kippe K1 ist ebenfalls eine Umlaufzeit von rund 65 min anzunehmen. Dies ist ebenfalls der Kalkulation der E. Erdbau GmbH zu entnehmen.

Einfache Entfernung ca. 17 km (Bundesstraße, Autobahn)

15 min Laden + 20 min Fahrt + 10 min Kippen + 20 min Fahrt = 65 min Umlaufzeit

Anzahl notwendiger LKW:

Keine zusätzlichen LKW gegenüber Bodenabfuhr Z0

Für die Abfuhr der 12.200 cbm **Bodenaushub Z 1.2 (Zulage)** sowie der Abfuhr von 2600 cbm **Bodenaushub mit Bauschuttanteil Z 1.2 (Zulage)** jeweils zur Kippe K2 ist von einer Umlaufzeit von 115 min, also zusätzlichen 115 min – 65 min = 55 min je Tour auszugehen. Dies geht ebenfalls aus der Kalkulation der E. Erdbau GmbH hervor.

Einfache Entfernung ca. 44 km (Autobahn)

15 min Laden + 45 min Fahrt + 10 min Kippen + 45 min Fahrt = 115 min Umlaufzeit

Anzahl notwendiger LKW:

12.200 cbm : 13 Wochen = 938,46 cbm/Woche

938,46 cbm/Woche : (5 AT ∗ 8,5 Std./AT) = 22,08 cbm/Std.

22,08 cbm/Std. : 13,5 cbm/LKW = 1,64 Touren/Std.

1,64 Touren/Std. : 60 min/Std. ∗ 55 min/Umlauf (zusätzlich) = 1,5 LKW (zusätzlich)

1,5 zusätzliche LKW gegenüber Bodenabfuhr gemäß Position 03.02.0010

12,06 LKW + 1,5 LKW = 13,56 LKW

Für die Abfuhr der 4200 cbm **Bodenaushub mit Bauschuttanteil Z 2 (Zulage)** zur Kippe K3 und Abfuhr der 600 t (600 t : 1,85 t/cbm = 324 cbm) **Bodenaushub > Z 2 (Zulage)** zur Kippe K4 wurden analog die anzusetzenden Umlaufzeiten pro Tour errechnet.

Insgesamt ergibt sich, dass für die Bodenabfuhr der vertraglich vereinbarten Bodenmengen durchschnittlich 13,88 LKW an 5 Arbeitstagen pro Woche und über 8,5 Stunden pro Arbeitstag von der E. Erdbau GmbH hätten eingesetzt werden müssen, um die vertraglich vereinbarte Bodenabfuhrleistung zu erbringen, siehe Abb. 8.30.

8.8.2 Bau-Ist

Die Gesamtmenge des Bodenaushubs blieb gegenüber der zwischen der E. Erdbau GmbH und dem A. vertraglich vereinbarten Menge weitgehend unverändert.

LV-Menge	SR-Menge	Positionstext
83.000 cbm	81.000,56 cbm	Bodenaushub, Bodenklasse 3 bis 4, Z0
	4481,60 cbm	Wie vor, jedoch ohne Abfuhr (Nachtragsleistung)

Eine erhebliche Mengenerhöhung gab es bei der Position „Zulage für vorbeschriebenen Baugrubenaushub für das Lösen, Laden, Abtransportieren und Entsorgen von Boden mit Bauschuttanteil ... Zuordnung LAGA Z 1.2 ..." von ausgeschriebenen 2600 cbm auf rund 53.500 cbm.

LV-Menge	SR-Menge	Positionstext
23.800 cbm	15.084,41 cbm	Zulage Z 1.1, Bodenaushub
12.200 cbm	0,00 cbm	Zulage Z 1.2, Bodenaushub
2600 cbm	**53.455,17 cbm**	**Zulage Z 1.2, Bodenaushub mit Bauschuttanteil**
4200 cbm	2854,98 cbm	Zulage Z 2, Bodenaushub mit Bauschuttanteil
600 t	0,00 t	Zulage größer Z 2, Bodenaushub

Aus der Erhöhung der Menge bei dieser Position ergibt sich ein Bedarf an mehr Bauzeit, da die Transportentfernungen und Transportzeiten bei dieser Zulageposition größer sind als bei der Grundposition „Bodenaushub und Abfuhr, Z 0".

Die Mengenreduzierungen bei Position „Zulage Z 1.2, Bodenaushub" wurde bei der Mengenerhöhung der Position „Zulage Z 1.2, Bodenaushub mit Bauschuttanteil" berücksichtigt, da die Bodenabfuhr zur gleichen Kippe/Verwertungsstelle mit gleicher Umlaufzeit von 115 min erfolgte.

Die Mengenreduzierungen bei den drei anderen Positionen fallen nicht ins Gewicht, da hier die Umlaufzeiten jeweils 65 min pro Tour betragen, wie bei der Grundposition „Bodenaushub und Abfuhr, Z 0".

Aufgrund der erheblich längeren Entfernung zur Entsorgungs-/Verwertungsstelle und die daraus resultierenden längeren Umlaufzeiten hätte die Mengenerhöhung von 53.455,17 cbm abzgl. (12.200 cbm + 2600 cbm) = 38.655,17 cbm bei der Abfuhr von **Boden mit Bauschutt Z 1.2** zu einem Bedarf an zusätzlich einzusetzenden LKW von

Umlaufzeit	5 Tage/Woche 8,5 Std./Tag		17.09.2012 Woche 1	24.09.2012 Woche 2	01.10.2012 Woche 3	08.10.2010 Woche 4	15.10.2012 Woche 5	22.10.2012 Woche 6	29.10.2012 Woche 7	05.11.2012 Woche 8	12.11.2012 Woche 9	19.11.2010 Woche 10	26.11.2012 Woche 11	03.12.2012 Woche 12	10.12.2012 Woche 13	17.12.2012 Woche 14	Kontrolle Menge	[cbm]
	cbm/Woche			6.384,62	6.384,62	6.384,62	6.384,62	6.384,62	6.384,62	6.384,62	6.384,62	6.384,62	6.384,62	6.384,62	6.384,62	6.384,62	Bodenaushub	83.000,00
	cbm/Std.	(8,5 Std./AT; 5 AT)		150,23	150,23	150,23	150,23	150,23	150,23	150,23	150,23	150,23	150,23	150,23	150,23	150,23		
	2,0 * 100 cbm/Std = 200 cbm/Std.			150,23	150,23	150,23	150,23	150,23	150,23	150,23	150,23	150,23	150,23	150,23	150,23	150,23		
Richtwert: 100 cbm/Std. je cbm Löffel-Nenninhalt				1,00	1,00	1,00	1,00	1,00	1,00	1,00	1,00	1,00	1,00	1,00	1,00	1,00		
	Kalkulierte Leistung = 76,531 cbm/Std.			2,00	2,00	2,00	2,00	2,00	2,00	2,00	2,00	2,00	2,00	2,00	2,00	2,00	Bagger (Bodenaushub; Laden)	
15+20+10+20	Touren/Std.			11,13	11,13	11,13	11,13	11,13	11,13	11,13	11,13	11,13	11,13	11,13	11,13	11,13		
65 min	Anzahl LKW			12,06	12,06	12,06	12,06	12,06	12,06	12,06	12,06	12,06	12,06	12,06	12,06	12,06		
				wie Z0	wie Z0	wie Z0	wie Z0	wie Z0	wie Z0	wie Z0	wie Z0	wie Z0	wie Z0	wie Z0	wie Z0	wie Z0		
15+20+10+20 65 min	Anzahl LKW	keine zusätzl. LKW		0,00	0,00	0,00	0,00	0,00	0,00	0,00	0,00	0,00	0,00	0,00	0,00	0,00		
	cbm/Woche			938,46	938,46	938,46	938,46	938,46	938,46	938,46	938,46	938,46	938,46	938,46	938,46	938,46		12.200,00
	cbm/Std.			22,08	22,08	22,08	22,08	22,08	22,08	22,08	22,08	22,08	22,08	22,08	22,08	22,08		
15+45+10+45	Touren/Std.			1,64	1,64	1,64	1,64	1,64	1,64	1,64	1,64	1,64	1,64	1,64	1,64	1,64		
115 min	Anzahl LKW	zusätzlich Umlaufzeit + 55 min		1,50	1,50	1,50	1,50	1,50	1,50	1,50	1,50	1,50	1,50	1,50	1,50	1,50		
	cbm/Woche			200,00	200,00	200,00	200,00	200,00	200,00	200,00	200,00	200,00	200,00	200,00	200,00	200,00		2.600,00
	cbm/Std.			4,71	4,71	4,71	4,71	4,71	4,71	4,71	4,71	4,71	4,71	4,71	4,71	4,71		
15+45+10+45	Touren/Std.			0,35	0,35	0,35	0,35	0,35	0,35	0,35	0,35	0,35	0,35	0,35	0,35	0,35		
115 min	Anzahl LKW	zusätzlich Umlaufzeit + 55 min		0,32	0,32	0,32	0,32	0,32	0,32	0,32	0,32	0,32	0,32	0,32	0,32	0,32		
				wie Z0	wie Z0	wie Z0	wie Z0	wie Z0	wie Z0	wie Z0	wie Z0	wie Z0	wie Z0	wie Z0	wie Z0	wie Z0		
15+20+10+20 65 min	Anzahl LKW	keine zusätzl. LKW		0,00	0,00	0,00	0,00	0,00	0,00	0,00	0,00	0,00	0,00	0,00	0,00	0,00		
15+20+10+20 65 min																		
	cbm/Woche	600 to = 324,32 cbm		24,95	24,95	24,95	24,95	24,95	24,95	24,95	24,95	24,95	24,95	24,95	24,95	24,95		324,32
	cbm/Std.	25 to / 13,5 cbm 1,85 to/cbm		0,59	0,59	0,59	0,59	0,59	0,59	0,59	0,59	0,59	0,59	0,59	0,59	0,59		
15+20+10+20	Touren/Std.			0,04	0,04	0,04	0,04	0,04	0,04	0,04	0,04	0,04	0,04	0,04	0,04	0,04		
65 min	Anzahl LKW	zusätzlich Umlaufzeit + 10 min		0,01	0,01	0,01	0,01	0,01	0,01	0,01	0,01	0,01	0,01	0,01	0,01	0,01		
				13,88	13,88	13,88	13,88	13,88	13,88	13,88	13,88	13,88	13,88	13,88	13,88	13,88	LKW für Bodenabfuhr	

Abb. 8.30 Ressourcen für Bodenabfuhr

durchschnittlich

38.655,17 cbm : 13 Wochen = 2973,47 cbm/Woche

2973,47 cbm/Woche : (5 AT * 8,5 Std./AT) = 69,96 cbm/Std.

69,96 cbm/Std. : 13,5 cbm/LKW = 5,18 Touren/Std.

5,18 Touren/Std. : 60 min/Std. * 55 min/Umlauf (zusätzlich) = **4,75 LKW (zusätzlich)**

an 8,5 Stunden pro Tag und 5 Tagen pro Woche geführt, um die Bodenabfuhr innerhalb vom 13 Wochen vornehmen zu können.

Es hätten 13,88 LKW (Vertragsleistung) + 4,75 LKW (Mehrmengen Z 1.2) = **18,63 LKW** durchschnittlich an 5 Arbeitstagen pro Woche und 8,5 Stunden pro Arbeitstag von der E. Erdbau GmbH eingesetzt werden müssen, um die Bodenabfuhr innerhalb von 13 Wochen durchführen zu können.

Da die Bodenabfuhr im Bereich des Verbaus entlang der A-Straße aufgrund von Bauablaufstörungen aus dem Risikobereich des Auftraggebers (fehlende Kampfmittelfreiheit etc.) erst am 05.11.2012 begonnen werden konnte, führte diese Verschiebung des Abfuhrzeitraums bereits zu einer Bauzeitverlängerung bis zum 15.02.2012 (Verschiebung der 13 Wochen auf den tatsächlichen Ist-Beginntermin 05.11.2012 zzgl. 2 Wochen Winterpause vom 24.12.2012 bis 06.01.2013).

Dies ist in Abb. 8.31 „Balkenplan zur Darstellung der Bauzeit" dargestellt: Grüner Balken = 13 Wochen Bodenabfuhr in der ursprünglichen Bauzeit, blauer Balken = 13 Wochen Bodenabfuhr in der verschobenen Bauzeit.

Durch die Mengenerhöhung von **Boden mit Bauschutt Z 1.2** von 2600 cbm auf rund 53.500 cbm wären durchschnittlich 18,63 LKW nötig gewesen, um die Bodenabfuhr bis zum 15.02.2013 fertig zu stellen.

Die Anzahl der vor Ort eingesetzten Ressourcen (Bagger als Ladegeräte) konnten von der E. Erdbau GmbH erhöht werden. Nachweislich war die Baustelle durchgängig vom 10.09.2012 an mit einem bis sieben (!!!) 35-t-Baggern besetzt.

Ein Einsatz von durchschnittlich 18,63 LKW an jedem Arbeitstag von November 2012 bis Februar 2013 konnte von der E. Erdbau GmbH jedoch trotz Einsatz aller eigenen und aller verfügbaren Fremd-LKW nicht erreicht werden.

Nachdem die ersten Verbauträger in der Woche vom 29.10. bis 02.11.2012 eingebaut waren, wurde am Montag, 05.11.2012 mit den Aushubarbeiten und dem Einbau der Holzausfachung entlang der A-Straße begonnen.

Ab Montag, 05.11.2012 hatte die E. Erdbau GmbH arbeitstäglich i. d. R. 16 bis 18 LKW im Einsatz, also weit mehr als die vertraglich geschuldeten 13,88 LKW. Damit wurden von der E. Erdbau GmbH über ihre vertragliche Verpflichtung hinaus bereits zusätzliche Beschleunigungsmaßnahmen ergriffen.

Die tägliche Arbeitszeit von 7:00 Uhr bis 17:00 Uhr, mit 9,25 Std./AT statt der angenommenen und für die Wintermonate üblichen Arbeitszeit von 8,5 Std./AT sowie das Durchführen von Arbeiten und Bodenabfuhr an vielen Samstagen, stellt weitere Beschleunigungsmaßnahmen der E. Erdbau GmbH dar.

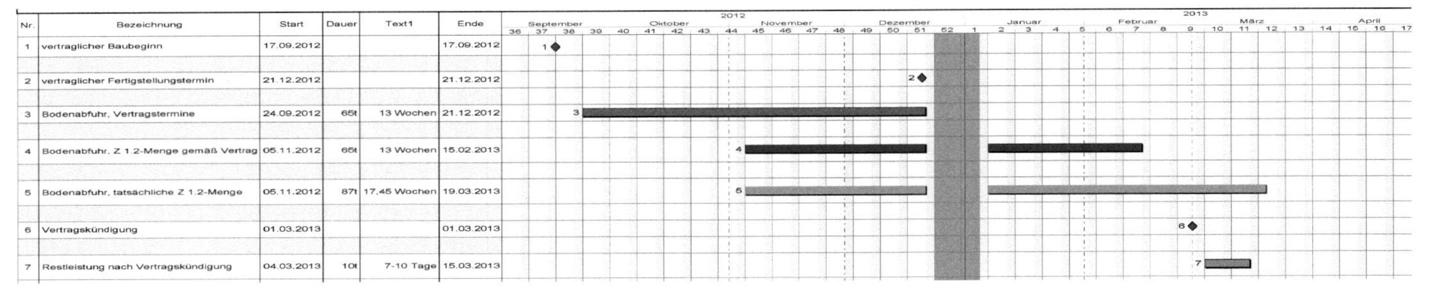

Abb. 8.31 Balkenplan zur Darstellung der Bauzeit. *Meilensteine (rot)* = vertraglicher Baubeginn- und Fertigstellungstermin, *grüner Balken* = Bodenabfuhr der vertraglichen Mengen in der vertraglichen Bauzeit, *blauer Balken* = Bodenabfuhr der vertraglichen Mengen in der verschobenen Bauzeit, *grauer Balken* = Bodenabfuhr der geänderten Mengen in der verschobenen Bauzeit, *orangefarbener Balken* = Restleistung nach 01.03.2013 (nach Angabe A.)

Wären nun für die gesamte Bodenabfuhr, einschließlich der erhöhten Menge **Boden mit Bauschutt Z 1.2,** weiterhin nur die auf Basis der vertraglich vereinbarten Mengen einzuplanenden 13,88 LKW von der E. Erdbau GmbH eingesetzt worden, hätte sich die Ausführungszeit für die Bodenabfuhr theoretisch auf rund 87 AT verlängert.

$$18{,}63\,\text{LKW}/13{,}88\,\text{LKW} = 1{,}34$$

$$13\,\text{Wochen} * 1{,}34 = 17{,}45\,\text{Wochen} = 87\,\text{AT}$$

Die Bodenabfuhr an 87 AT ab dem 05.11.2012 hätte eine Ausführung bis zum 19.03.2013 zur Folge gehabt.

Witterungsbedingte Ausfallzeiten, wie z. B. die im Januar 2013 aufgetretenen Schlechtwettertage, sind hierbei nicht berücksichtigt.

Da für die Bodenabfuhr aber „nur" durchschnittlich 16 bis 18 LKW pro Arbeitstag zur Verfügung standen, verlängerte sich durch die Bodenabfuhr die Bauzeit.

Dies ist ebenfalls in Abb. 8.31 „Balkenplan zur Darstellung der Bauzeit" dargestellt: Grauer Balken = Bodenabfuhr der geänderten/erhöhten Mengen in der verschobenen Bauzeit.

Die Erhöhung der Menge bei der Position „Zulage Z 1.2, Bodenaushub mit Bauschuttanteil" und die hieraus resultierenden bauzeitlichen Auswirkungen waren dem A. hinreichend bekannt.

Zunächst einmal war über die Mengenerhöhung in o. g. Position und die hieraus entstehenden bauzeitlichen Auswirkungen mehrfach zwischen der E. Erdbau GmbH und dem A. gesprochen worden, so dass schließlich am 10.12.2012 ein Termin mit dem vom A. eingesetzten Bodengutachter im Hause des A. zur Erörterung der Problematik stattfand.

Weiterhin war auch die erhebliche Erhöhung der Mengen der Position 03.02.0040 „Zulage Z 1.2, Bodenaushub mit Bauschuttanteil" aus den Abschlagsrechnungen ersichtlich.

4. AR vom 05.10.2012	2000 cbm
6. AR vom 19.10.2012	4000 cbm
8. AR vom 02.11.2012	6000 cbm
9. AR vom 09.11.2012	14.000 cbm
10. AR vom 16.11.2012	23.382 cbm
11. AR vom 23.11.2012	28.382 cbm
12. AR vom 30.11.2012	30.382 cbm
13. AR vom 07.12.2012	35.382 cbm
14. AR vom 14.12.2012	47.869 cbm
...	...

Da die längeren Transportzeiten für die Abfuhr des Bodens nicht gänzlich durch den Einsatz von mehr LKW kompensiert werden konnten, weil nur eine begrenzte Anzahl an LKW zur Verfügung standen, war vom A. das Umlagern von Aushubmaterial im Baufeld (vgl. Ausführungen in Kapitel „Aushub im Baufeld umlagern") als Nachtragsleistung bei der E. Erdbau GmbH angefragt und an diese beauftragt worden.

Mit Schreiben vom 16.01.2013 wurde der A. von der E. Erdbau GmbH nochmals offiziell auf die Mengenmehrung der Position „Boden mit Bauschutt Z 1.2, Zulage" und auch auf die hieraus resultierende Bauzeitverlängerung hingewiesen:

> … bezüglich der hinreichend bekannten Mengenüberschreitung in der hauptvertraglichen Position … Wie weiterhin besprochen wurde stellt die unten genannte Menge lediglich eine derzeitige grobe Abschätzung dar, kann also erst nach einer letzten elektrooptischen Geländeaufnahme endgültig berechnet werden. …

ca. 63.500 cbm	Zulage Z 1.2 Bauschutt (ansonsten wie hauptvertragliche Position)	xxx €/cbm	xxx €

> …
> Wir weisen darauf hin, dass sich … die Ausführungsfristen verlängern. Die Geltendmachung eines Bauzeitverlängerungsanspruches sowie der hieraus resultierenden Mehrkosten bleiben vorbehalten.

Zur Überraschung der E. Erdbau GmbH wurde vom A. der Vertrag mit der E. Erdbau GmbH schließlich am 01.03.2013, noch vor abschließender Fertigstellung der Bodenabfuhr, gekündigt.

Der Auftraggeber A. hielt die von der E. Erdbau GmbH bis dahin erbrachte Abfuhrleistung und die sonstigen Beschleunigungsmaßnahmen zur Kompensation der (aus dem Risikobereich des A. stammenden Bauablaufstörungen) für so unzureichend, dass dies zu erheblichen Differenzen zwischen dem A. und der E. Erdbau GmbH und schließlich zur Vertragskündigung durch den A. führte.

Auch bestand – wie so oft – während der Bauabwicklung keine Einigkeit zwischen dem Auftraggeber A. und dem Auftragnehmer E. Erdbau GmbH darüber, in wessen Risikobereich die aufgetretenen Störungen im Bauablauf fallen, die bereits zu einer erheblichen Verzögerung geführt hatten.

In seinem Kündigungsschreiben vom 01.03.2013 beschreibt der A., dass nach seiner Auffassung die zu diesem Zeitpunkt noch auszuführende Restleistung innerhalb von 7 bis 10 Werktagen durch die E. Erdbau GmbH zu leisten gewesen wäre.

Dies deckt sich weitestgehend mit den vorhergehenden Betrachtungen zur Ausführungsdauer der Bodenabfuhr, so dass eine ab dem 01.03.2013 noch aufzuwendende Rest-Bauzeit von 7 bis 10 AT als realistisch angesehen wird, vgl. Abb. 8.31.

8.8.3 Fazit

Durch die erhebliche Mengenerhöhung des abzufahrenden Bodens der Position „Zulage Z 1.2, Bodenaushub mit Bauschuttanteil", die deutlich längere Entfernung zur Entsorgungs-/Verwertungsstelle und die daraus resultierenden längeren Umlaufzeiten für die Bodenabfuhr, verlängerte sich die Bauzeit um mehrere Wochen.

Die Bodenabfuhr begann (bis auf den vorhergehenden Bodenaushub für die Bohrebene A-Straße u. ä. im September 2012) am 05.11.2012 nach Einbau der ersten Verbauträger A-Straße und dauerte bis zur Vertragskündigung durch den A. am 01.03.2013 an.

Bei Einsatz der zur Ausführung der Vertragsleistung notwendigen Anzahl von LKW hätte die Bodenabfuhr – ohne Berücksichtigung jeglicher Schlechtwetterausfallzeiten, die nachweislich im Januar 2013 auftraten – bis zum 19.03.2013 gedauert.

Leistungsbereitschaft und Leistungsfähigkeit
Durch die E. Erdbau GmbH wurden über mehrere Wochen hinweg mehr LKW eingesetzt als für die Vertragsleistung notwendig gewesen wären und dadurch eine Beschleunigung der Ausführung vorgenommen. Auch durch Erhöhung der täglichen Arbeitszeit sowie die Abfuhr des Bodens an Samstagen wurde die Ausführung beschleunigt.

Dennoch verlängerte sich durch die Mengenmehrung in o. g. Position die Bauausführung erheblich, dauert über die Winterpause hinaus an und war auch zum Zeitpunkt der Vertragskündigung durch den A. am 01.03.2013 noch nicht gänzlich abgeschlossen.

Die Abfuhr der noch verbliebenen Bodenmassen hätte ab dem Kündigungszeitpunkt 01.03.2013 noch wenige Tage in Anspruch genommen. Vom A. wurde mit dem Kündigungsschreiben vom 01.03.2013 bestätigt, dass für die Ausführung der Restleistung noch 7 bis 10 AT nötig gewesen wären. Dies entspricht den hier vorgenommenen Berechnungen zur theoretischen Gesamtausführungsdauer für die Bodenabfuhr.

Somit betrifft die Störung „Mengenmehrung Boden mit Bauschutt Z 1.2“ den Zeitraum vom 05.11.2012 bis 01.03.2013 zuzüglich 7 bis 10 AT für die noch auszuführende Restleistung.

8.9 Kausalitätsnachweis

In diesem Abschnitt wird der baubetriebliche Nachweis angetreten, dass die zuvor beschriebenen Sachverhalte kausal zu einer Veränderung der Bauzeit geführt haben.

Der Kausalitätsnachweis erfolgt derart, dass zunächst der Ist-Bauablauf dargestellt wird und dieser mit dem Bauablauf verglichen wird, wie er sich eingestellt hätte, wenn es zu den bauzeitverlängernden Einwirkungen nicht gekommen wäre (nachfolgend „Ist′-Bauablauf“ genannt).

Hierbei können zwei Effekte eintreten: Zum einen ist im Ist-Bauablauf gegenüber dem ungestörten Ist′-Bauablauf die Ausführungszeit einzelner von der Störung betroffener Vorgänge verlängert. Dies alleine wäre aber nicht ausreichend, da es letztlich darauf ankommt, ob die Störung geeignet ist, Einfluss auf die Gesamtbauzeit zu nehmen. Somit wird zum anderen dargelegt, ob die Störungen alleine geeignet sind, das Bauzeitende zu verschieben. Sind beide Kriterien erfüllt, ist der Nachweis angetreten, dass die jeweiligen Störungen einen kausalen Einfluss auf die Bauzeit hatten.

Zur Beantwortung der Frage, ob eine Störung die Bauzeit beeinflusst, ist die Kenntnis des kritischen Weges notwendig. Der kritische Weg umfasst solche Bauleistungen, bei deren Änderung (Verkürzung oder Verlängerung der Vorgangsdauer, Verschiebung des Vorgangs) sich eine Änderung des Gesamtfertigstellungstermins ergibt. Verändert sich die Ausführungszeit von Vorgängen auf dem kritischen Weg, so ändert sich auch automatisch die Bauzeit.

Der kritische Weg wurde aus dem Ist-Bauablauf ermittelt.

8.9.1 Ist-Bauzeit

Der Baubeginn erfolgte am Montag, 10. September 2012. Am Freitag, 01. März 2013 wurde der Vertrag durch den Auftraggeber A. gekündigt.

Zum Zeitpunkt der Kündigung war die Ausführung der vertraglich geschuldeten Leistung durch die E. Erdbau GmbH noch nicht ganz abgeschlossen. Es wäre noch eine weitere Ausführungszeit von rund 7 bis 10 Arbeitstagen nötig gewesen, um die noch auszuführenden Restleistungen zu erstellen.

Um die noch auszuführenden Restleitungen hinsichtlich der benötigten Gesamtbauzeit nicht zu vernachlässigen, ist der Zeitraum zur Erstellung der Restleistungen an die tatsächliche Ist-Bauzeit anzuhängen.

Zur Ausführung der Restleistungen wäre somit der Zeitraum von Montag, 04.03.2013 bis Freitag, 15.03.2013 (10 AT) benötigt worden, so dass diese Zeit der Ist-Bauzeit hinzuzurechnen ist.

8.9.2 Ist-Bauablauf

Zur Ermittlung des Bauzeitverlängerungsanspruchs wurden zunächst die vorliegenden Bautagesberichte ausgewertet und hieraus ein Ist-Bauzeitenplan erstellt; vgl. Abb. 8.32.

Zur Darstellung des Ist-Bauablaufes wurden die Bautagesberichte der E. Erdbau GmbH sowie die Bautagesberichte des Nachunternehmers für die Verbauarbeiten, der G. Grundbau GmbH, ausgewertet und in einen Bauablaufplan übertragen.

Die Bautagesberichte beider Firmen sind bezüglich der Angaben zu den ausgeführten Arbeiten weitestgehend deckungsgleich. Sofern der Bautagesbericht einer der beiden Firmen abweichende oder ergänzende Angaben enthält, wurde dies im Ist-Bauablauf kenntlich gemacht.

Die dokumentierte Bauzeit umfasste den Zeitraum vom 10.09.2012 bis zum 11.03.2013.

Anmerkung

Dem nachfolgend dargestellten Ist-Bauablaufplan sind aufgrund der verkleinerten Darstellung keine Details zu entnehmen.

Hier soll lediglich gezeigt werden, wie ein aus Bautagesberichten entwickelter Ist-Bauablaufplan aussehen kann bzw. welchen Umfang dieser Ist-Bauablaufplan für die Baumaßnahme der E. Erdbau GmbH hat.

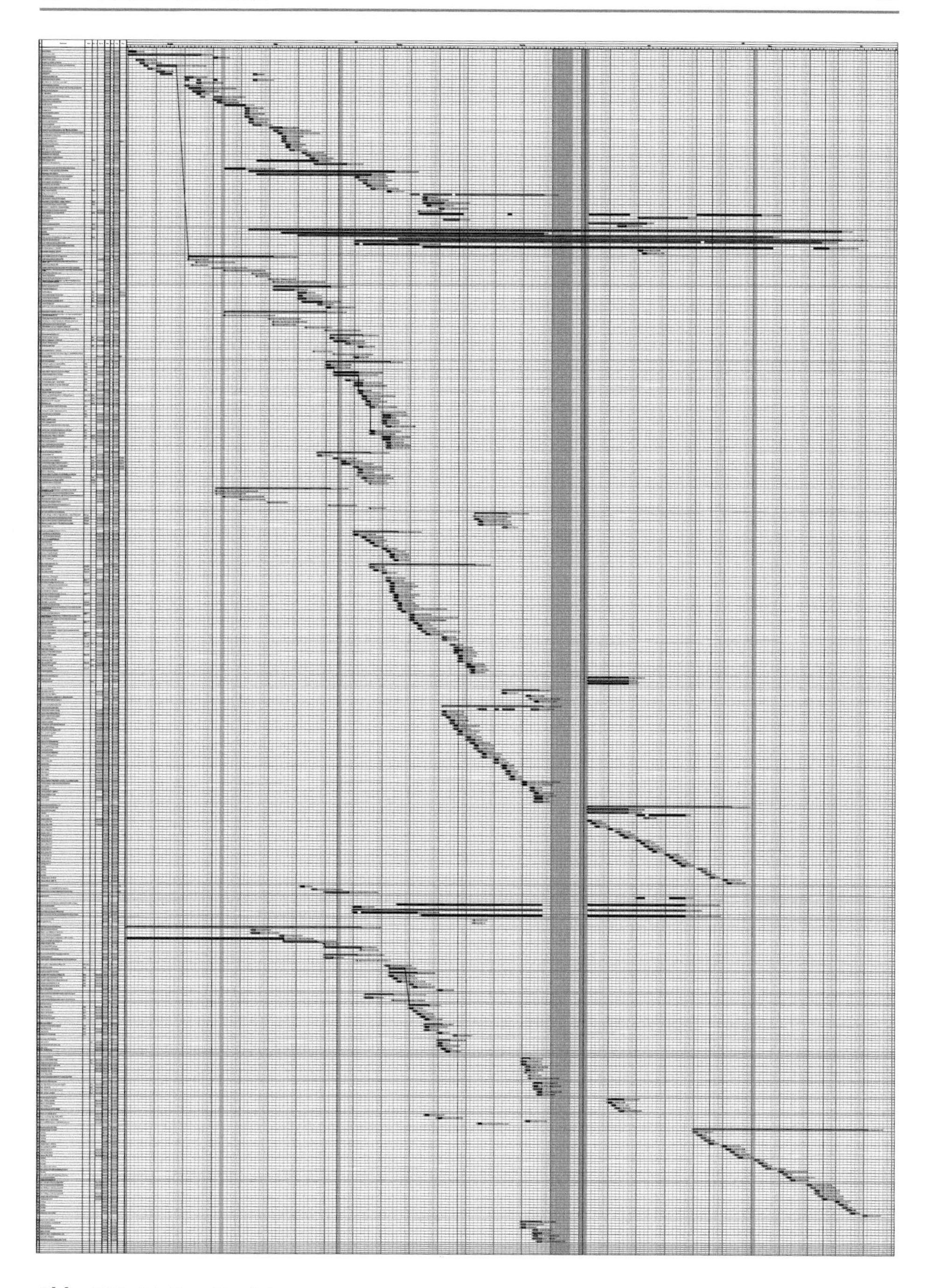

Abb. 8.32 Ist-Bauablaufplan

Der Ist-Bauablaufplan umfasst hierbei rund 400 Vorgänge und müsste in der Größe DIN A0 dargestellt werden, um eine entsprechende Lesbarkeit zu erreichen.

8.9.3 Ist-Bauablauf, kritischer Weg

Für die weitere Betrachtung des Ist-Bauablaufes wurde dieser auf die Vorgänge reduziert, die auf dem „kritischen Weg" liegen, die also einen Einfluss auf die Gesamtbauzeit haben und bei deren Änderung (Verkürzung oder Verlängerung der Vorgangsdauer, Verschiebung des Vorgangs) sich eine Änderung des Gesamtfertigstellungstermins ergibt.

Reduziert auf die Vorgänge des kritischen Weges stellt sich der Ist-Bauablauf wie folgt dar (siehe Abb. 8.33):

Nach Erstellung der Baustelleneinrichtung und Erbringung von Vorarbeiten wurde vom 17.09. bis 21.09.2012 die Bohrebene an der A-Straße zum Einbringen der Träger für die Trägerbohlwand hergestellt (vgl. Vorgänge Nr. 1 und 2).

Vom 25.09. bis 15.10.2012 konnten aufgrund der fehlenden Kampfmittelfreiheit keine Arbeiten an der Trägerbohlwand A-Straße ausgeführt werden (vgl. Vorgang Nr. 13, pink). Es wurden Abbrucharbeiten im hinteren Baufeld ausgeführt, die jedoch keinen Einfluss auf den Gesamtfertigstellungstermin haben (vgl. Vorgang Nr. 3).

Aufgrund der fehlenden Kampfmittelfreiheit A-Straße entschied der A., Greiferbohrungen zum Einbringen der Träger für die Trägerbohlwand A-Straße durch die E. Erdbau GmbH erstellen zu lassen, welche ab dem 16.10.2012 durchgeführt wurden bzw. für die ab dem 16.10.2012 die Vorbereitungen (Beschaffung und Antransport des Greifers, Umrüstung des Seilbaggers) durchgeführt wurden (vgl. Vorgang Nr. 14, Nachtragsleistung, pink schraffiert).

Mit etwas Vorlauf für die Ausführung der Greiferbohrungen konnten ab dem 29.10. 2012 die ersten Verbauträger für die Trägerbohlwand A-Straße in die Bohrlöcher eingebracht werden (vgl. Vorgang Nr. 15, blau).

Wiederum nach einigen Tagen Vorlauf zum Einbringen der Träger wurde ab dem 05.11.2012 die Holzausfachung für die Trägerbohlwand eingebaut und parallel der entsprechende Aushub hierfür vorgenommen (vgl. Vorgänge Nr. 16 und 18, hellbraun).

Vom 16.11. bis 26.11.2012 fanden keine Arbeiten zum Einbringen der Holzausfachung statt, da in dieser Zeit zunächst Aushubarbeiten bzw. die entsprechende Bodenabfuhr für die Erstellung des Holzverbaus stattfinden mussten (vgl. Vorgang Nr. 17, dunkelbraun).

Ab dem 16.11.2012 erfolgte auch die Umlagerung von Aushubmaterial innerhalb des Baugeländes, um die Aushubarbeiten und damit die Herstellung der Trägerbohlwand A-Straße zu beschleunigen (vgl. Vorgang Nr. 10, Nachtragsleistung, pink schraffiert).

Der Einbau der Holzausfachung A-Straße wurde ab dem 27.11.2012 fortgesetzt und dauerte bis zum 25.01.2013 an (vgl. Vorgang Nr. 18, hellbraun).

Erst am 04.02.2013 konnte mit dem Aushub für die Trägerbohlwand entlang der B-Straße und dem nachfolgenden Einbau der Holzausfachung begonnen werden (vgl. Vorgänge Nr. 21 und 22), da durch das zwischengelagerte Aushubmaterial von der A-Straße

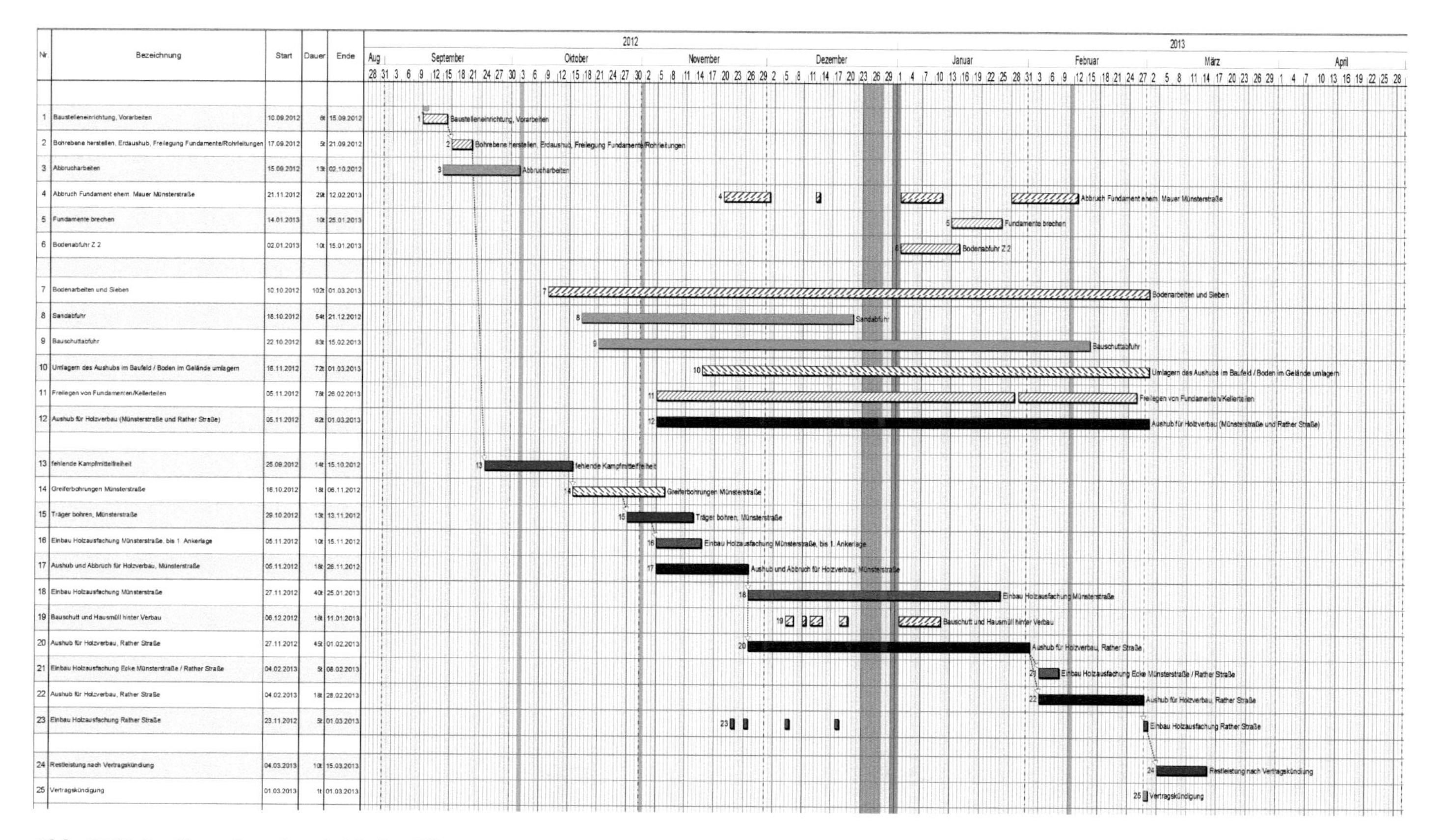

Abb. 8.33 Ist-Bauzeitenplan, kritischer Weg

der Bereich der Trägerbohlwand B-Straße nicht zur Verfügung stand und hier erst weiteres Aushubmaterial abgefahren werden musste, um freie Arbeitsbereiche entlang der B-Straße zu schaffen.

Das Einbauen der Holzausfachung in die Trägerbohlwand B-Straße musste bereits nach einer Woche (04.02. bis 08.02.2013) wieder unterbrochen werden, da wiederum die Abfuhr des zwischengelagerten Aushubmaterials nicht zügig genug durchgeführt werden konnte, um ausreichende Bereiche der B-Straße zur Ausführung der Verbauarbeiten zur Verfügung zu stellen. Das zwischengelagerte Material konnte nicht schnell genug abgefahren werden, obwohl die Bodenabfuhr mit allen verfügbaren LKW vorgenommen wurde, und diese insgesamt sogar in größerer Anzahl eingesetzt waren, als es für die vertragliche Leistung der E. Erdbau GmbH notwendig gewesen wäre.

Der Einbau der Holzausfachung wurde nach Abfuhr weiterer Bodenmassen, die kontinuierlich vom 05.11.2012 bis 01.03.2013 erfolgte (vgl. Vorgang Nr. 12), am 01.03.2013 fortgesetzt (vgl. Vorgang Nr. 23).

Durch die eingetretenen Verzögerungen aufgrund der fehlenden Kampfmittelfreiheit im Bereich der Trägerbohlwand A-Straße, die Abfuhr des zwischengelagerten Aushubmaterials entlang der B-Straße sowie erheblichen Mehrmengen bzw. „Verschiebung" der Mengen bei der Bodenabfuhr hat sich die Bauausführung bis über den vertraglichen Fertigstellungstermin 21.12.2012 hinaus verlängert und damit in die Winterpause (Montag, 24.12.2012 bis Dienstag, 02.01.2013) verschoben.

Im Ist-Bauablaufplan ist zu erkennen, dass der „kritische Weg" durch die Erstellung der Trägerbohlwand, erst an der A-Straße, dann an der B-Straße, und dem zur Einbringung der Holzausfachung in die Trägerbohlwand notwendigen vorausgehenden Aushub bestimmt wird.

8.10 Ist′-Bauablauf

Aus dem Ist-Bauablauf, der anhand der Bautagesberichte erstellt wurde, ist zu erkennen, in welchen Zeiträumen die Leistungen tatsächlich auf der Baustelle ausgeführt worden sind.

Aus dem Ist-Bauablaufplan bzw. dem Bauablaufplan des „kritischen Weges" aus dem Ist-Bauablauf wurde für jede Störung ein Ist′-Bauablaufplan entwickelt, der den Bauablauf ohne die jeweilige Störung darstellt.

Folgende Ist′-Bauabläufe werden im Weiteren hergeleitet und beschrieben:

Ist′-Bauablauf 1: Ist-Bauablauf ohne „Fehlende Kampfmittelfreiheit",
Ist′-Bauablauf 2: Ist-Bauablauf ohne „Greiferbohrungen",
Ist′-Bauablauf 3: Ist-Bauablauf ohne „Umlagern des Aushubs im Baufeld",
Ist′-Bauablauf 4: Ist-Bauablauf ohne „Aushubmaterial sieben",
Ist′-Bauablauf 5: Ist-Bauablauf ohne „Mengenmehrung Boden mit Bauschutt Z 1.2".

Eigenverzögerungen des Auftragnehmers, also Störungen, die durch den Auftragnehmer E. Erdbau GmbH selbst verursacht wurden (durch Ausfall von Personal, Ausfall von Gerät, verspätete Materiallieferungen etc.) treten erfahrungsgemäß auf jeder Baustelle auf und dürfen auch hier nicht vernachlässigt werden.

Insoweit ist es korrekt, für jede Störung den oben vorgenommenen Vergleich zwischen der Ist-Bauzeit und der Ist′-Bauzeit, also der Bauzeit ohne die jeweilige Störung, vorzunehmen, da hierdurch Eigenstörungen der E. Erdbau GmbH weiterhin im Bauablauf vorhanden sind und keinen Anspruch auf Bauzeitverlängerung gegenüber dem Auftraggeber A. auslösen.

Hinweis
Die Dauer des Bauzeitverlängerungsanspruches der E. Erdbau GmbH wird ermittelt als Differenz der Bauzeit des tatsächlichen Ist-Bauablaufes (mit der eingetretenen Bauablaufstörung aus dem Risikobereich des Auftraggebers A.) zu der Bauzeit des hypothetisch ungestörten Ist′-Bauablaufes (ohne die eingetretene Bauablaufstörung).

Da in beiden Bauabläufen evtl. eigene Störungen der E. Erdbau GmbH gleichermaßen enthalten sind, wirken sich diese hinsichtlich der Bauzeit-Differenz zwischen beiden Bauabläufen nicht aus und führen somit nicht zu einem Anspruch auf Bauzeitverlängerung. Das heißt wenn der Ist-Bauablauf eine Eigen-Störung der E. Erdbau GmbH im Umfang von drei Wochen enthält, bleibt diese exakt mit dem Umfang von drei Wochen auch im Ist′-Bauablauf enthalten, da dieser nur um die Bauablaufstörung aus dem Risikobereich des Auftraggebers A. reduziert wird.

8.10.1 Ist′-Bauablauf 1 ohne „Fehlende Kampfmittelfreiheit"

Die ersten Kampfmittelsondierungen wurden am 25.09.2012 erstellt, die Auswertungsergebnisse des vom A. beauftragten Kampfmittelräumdienstes lagen am 27.09.2012 vor.

Da die durchgeführten Sondierungen nicht auswertbar waren bzw. die Auswertung keine Aussage über evtl. im Baugrund vorhandene Kampfmittel zuließ, wurde keine Kampfmittelfreiheit erteilt.

Bis zur Entscheidung des Auftraggebers A. am 15.10.2012, wie durch die E. Erdbau GmbH hier weiter vorgegangen werden sollte (Entscheidung des A. für die Ausführung von sogenannten „Greiferbohrungen"), konnten keinerlei Arbeiten zur Erstellung des Verbaus an der A-Straße durchgeführt werden; vgl. Abb. 8.34.

Wäre die Störung des Bauablaufes durch die fehlende Kampfmittelfreiheit A-Straße nicht aufgetreten, hätten die Verbauarbeiten (hier: Greiferbohrungen statt direktem Einbohren der Verbauträger) bereits am 28.09.2012 beginnen können und der Gesamtfertigstellungstermin (einschließlich der nach Kündigung noch auszuführenden Restarbeiten) wäre der 28.02.2013 gewesen; vgl. Abb. 8.35.

Der guten Ordnung halber wird darauf hingewiesen, dass die E. Erdbau GmbH zum Zeitpunkt des Störungseintrittes leistungsbereit und leistungsfähig war. Das Drehbohrge-

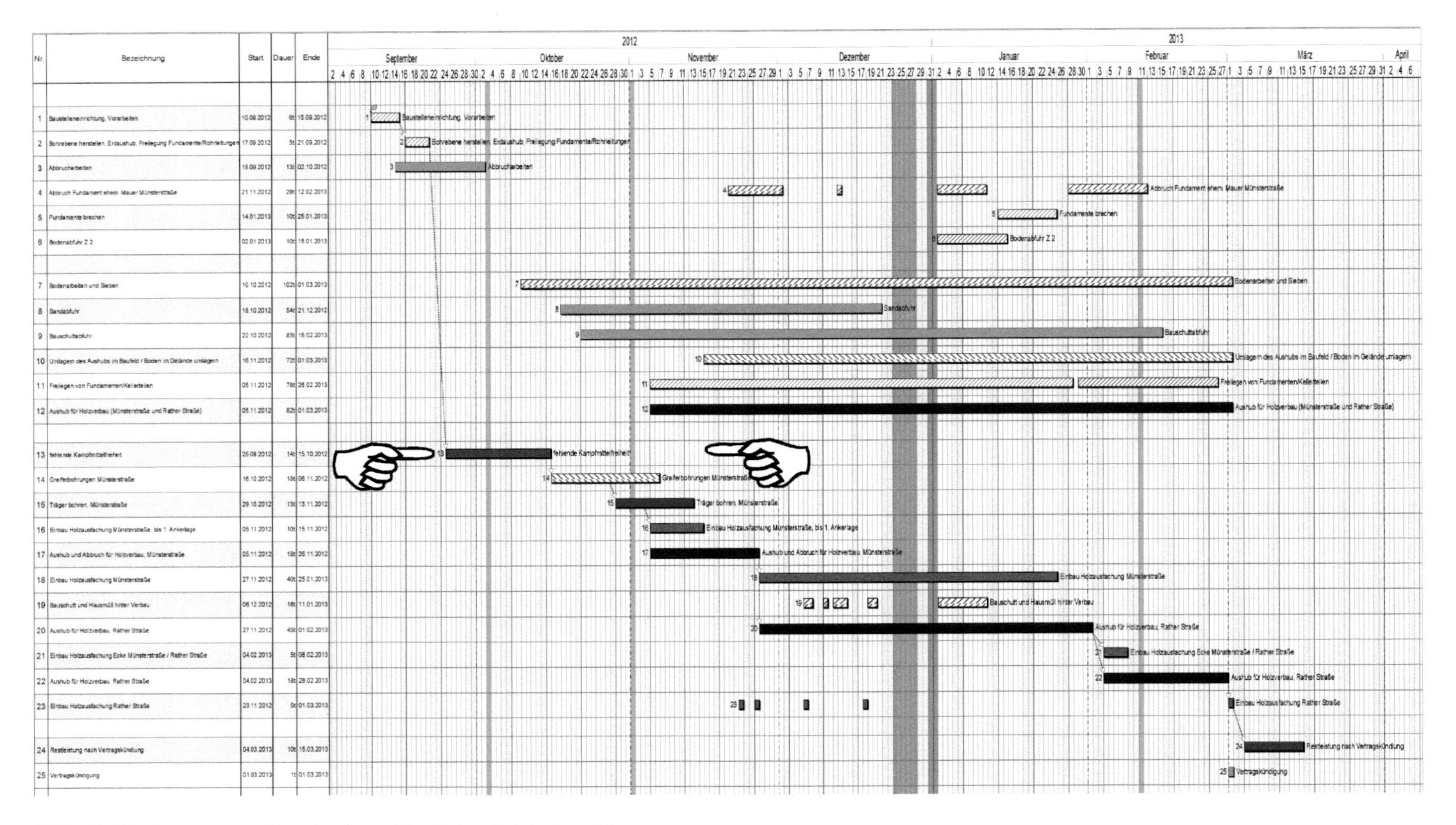

Abb. 8.34 Auszug aus dem Ist-Bauablaufplan, kritischer Weg

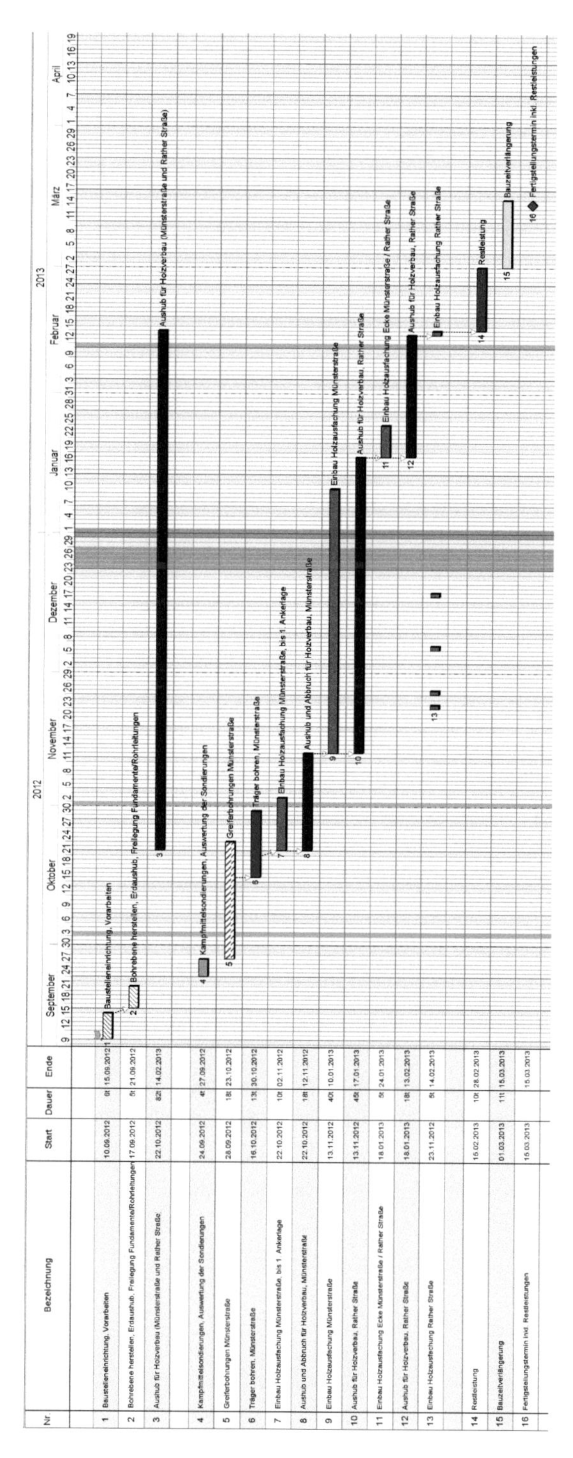

Abb. 8.35 Auszug aus dem Ist′-Bauablaufplan 1 ohne „fehlende Kampfmittelfreiheit“

rät des Nachunternehmers G. Grundbau GmbH zum Einbringen der Verbauträger stand abrufbereit zur Verfügung und wäre innerhalb von 1–2 AT auf der Baustelle einsatzbereit gewesen.

Aus der Störung „fehlende Kampfmittelfreiheit A-Straße“ hat sich somit eine Bauzeitverlängerung von **11 AT** (Differenz zwischen Ist′-Fertigstellungstermin 01.03.2013 und tatsächlichem Ist-Fertigstellungstermin 15.03.2013) ergeben, siehe Abb. 8.35, Vorgang Nr. 15, gelb.

8.10.2 Ist′-Bauablauf 2 ohne „Greiferbohrungen“

Da die ab 25.09.2012 durchgeführten Kampfmittelsondierungen nicht auswertbar waren und von dem durch den A. beauftragten Kampfmittelräumdienst keine Kampfmittelfreiheit für das Einbohren der Verbauträger für die Trägerbohlwand A-Straße erteilt wurde, wurde die E. Erdbau GmbH am 15.10.2012 vom A. beauftragt, zunächst sogenannte „Greiferbohrungen“ durchzuführen, siehe Abb. 8.36, Vorgang Nr. 14, pink schraffiert.

Die Vorbereitungen hierfür (Beschaffung des Greifers, Umrüsten des Seilbaggers) und die anschließende Ausführung der Greiferbohrungen fanden ab dem 16.10.2012 statt.

Das Einbringen der ersten Verbauträger konnte nach Ausführung der Greiferbohrungen dann ab dem 29.10.2012 erfolgen.

Hätte die Nachtragsleistung „Greiferbohrungen“ nicht ausgeführt werden müssen, hätten die Arbeiten zum Einbringen der Verbauträger für die Trägerbohlwand A-Straße am 16.10.2012 beginnen können, siehe Abb. 8.37, Vorgang Nr. 5, blau.

Reduziert man den Ist-Bauablauf nun um die bauzeitlichen Folgen des Vorgangs „Greiferbohrungen“, verschieben sich alle nachfolgenden Vorgänge so weit nach vorne, dass der Gesamtfertigstellungstermin der 28.02.2013 gewesen wäre.

Der guten Ordnung halber wird darauf hingewiesen, dass die E. Erdbau GmbH zum Zeitpunkt des Störungseintrittes leistungsbereit und leistungsfähig war. Das Drehbohrgerät des Nachunternehmers G. Grundbau GmbH zum Einbringen der Verbauträger stand abrufbereit zur Verfügung und wäre innerhalb von 1–2 AT auf der Baustelle einsatzbereit gewesen.

Durch die Ausführung der Greiferbohrungen hat sich die Bauzeit um **11 AT** (Differenz zwischen Fertigstellungstermin 01.03.2013 im hypothetisch ungestörten Ist′-Bauablauf und tatsächlichem Ist-Fertigstellungstermin 15.03.2013, einschließlich der nach Kündigung noch auszuführenden Restarbeiten) verlängert, siehe Abb. 8.37, Vorgang Nr. 14, gelb.

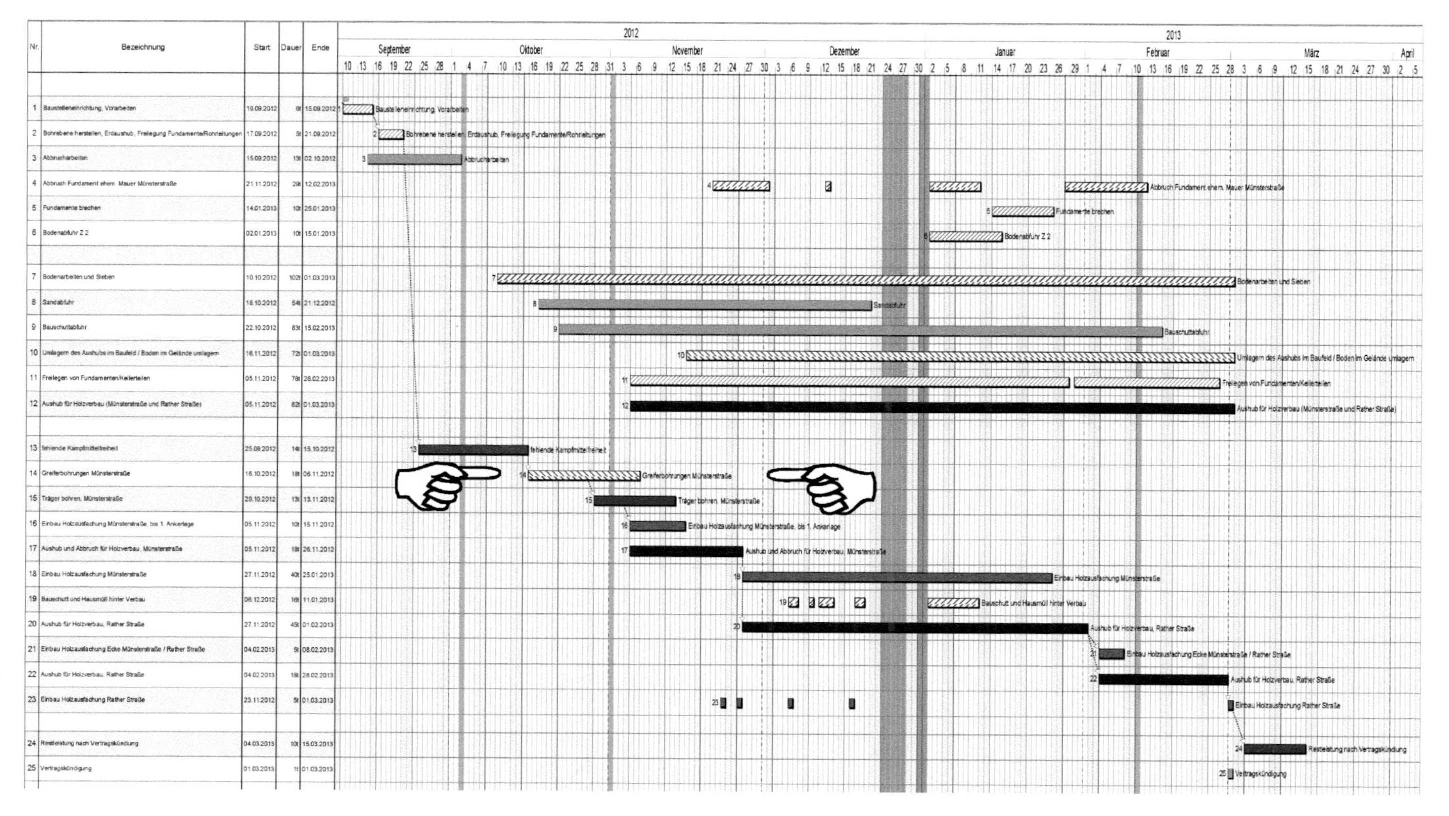

Abb. 8.36 Auszug aus dem Ist-Bauablaufplan, kritischer Weg

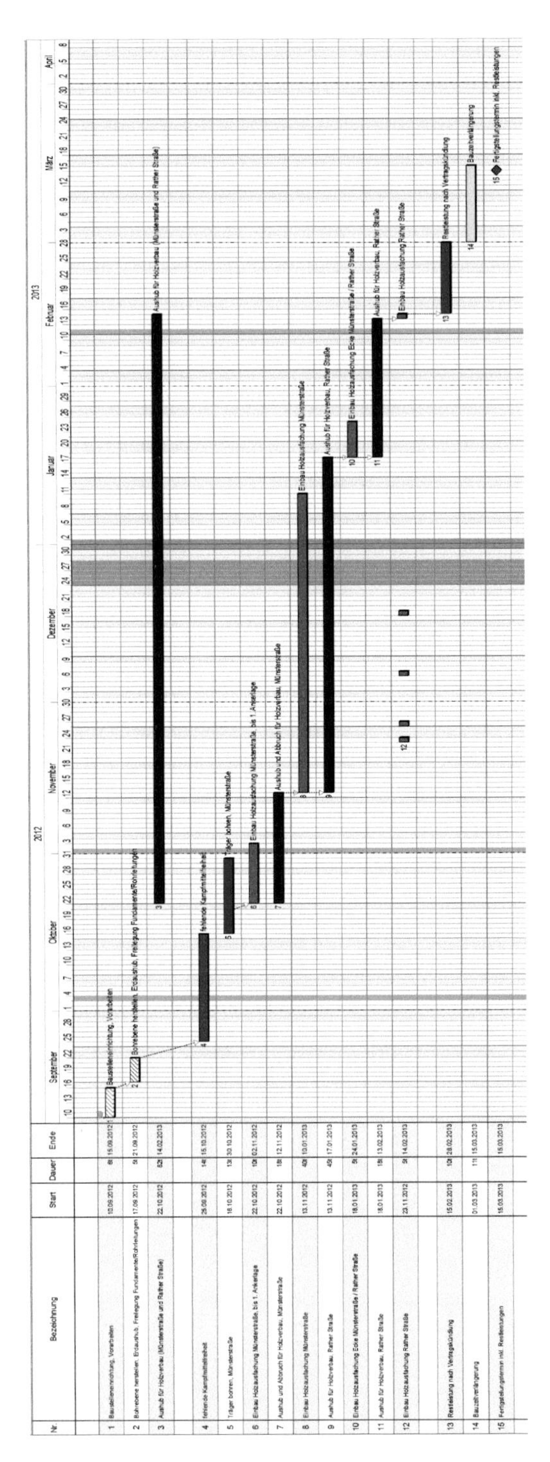

Abb. 8.37 Auszug aus Ist'-Bauablaufplan 2 ohne „Greiferbohrungen"

8.10.3 Ist'-Bauablauf 3 ohne „Zwischenlagerung Boden"

Ab dem 29.10.2012 wurden die ersten Verbauträger für die Trägerbohlwand entlang der A-Straße eingebracht, ab dem 05.11.2012 wurde der Aushub für die Trägerbohlwand ausgeführt und die Holzausfachung eingebaut.

Durch die Lagerung dieses Aushubs im Bereich des auszuführenden Verbaus entlang der B-Straße konnte jedoch später nicht sofort nach Einbringen der Verbauträger an der B-Straße mit den Arbeiten zur Erstellung der Holzausfachung begonnen werden.

Zunächst musste die immense Bodenmiete, die entlang der B-Straße gelagert war, aufgeladen und abgefahren werden.

Daher begann der Einbau der Holzausfachung an der B-Straße erst am 04.02.2013, obwohl die Verbauträger bereits in der Zeit vom 19.11. bis 26.11.2012 eingebaut worden waren. Dies ist den Bautagesberichten und dem Ist-Bauablaufplan zu entnehmen.

Der Einbau der Holzausfachung in die Trägerbohlwand B-Straße konnte im November und Dezember 2012 nur ganz vereinzelt in Teilbereichen stattfinden, da der Bereich der Trägerbohlwand B-Straße aufgrund der im Baufeld gelagerten Bodenmiete nicht zugänglich war. Ein kontinuierlicher Einbau des Holzverbaus konnte erst nach weitgehender Abfuhr des Bodens ab dem 04.02.2013 erfolgen, siehe Abb. 8.38, Vorgang Nr. 21, hellbraun.

Ohne die im Bereich der B-Straße vor Ausführung der Verbauarbeiten notwendigerweise noch durchzuführende Abfuhr der Bodenmiete hätte mit den Ausschachtungsarbeiten und dem Einbau der Holzausfachung spätestens am 26.11.2012 begonnen werden können.

Der Gesamtfertigstellungstermin wäre in Folge der früheren Ausführung der Verbauarbeiten an der B-Straße nicht mehr durch diese, sondern durch die Verbau- und Aushubarbeiten an der A-Straße bestimmt worden.

Dieser Vorgang „Einbau Holzausfachung A-Straße" endet am 25.01.2013. Somit hätte auch der Vorgang „Bodenaushub für Holzverbau A-Straße und B-Straße" am 25.01.2013 geendet, so dass der Gesamtfertigstellungstermin der 25.01.2013 gewesen wäre, siehe Abb. 8.39, Vorgänge Nr. 3 und 9.

Der Bodenaushub an der A-Straße wurde auf Anordnung des A. beschleunigt ausgeführt, um den vom A. geplanten Übergabetermin der Baugrube an der A-Straße, an die vom A. mit den Hochbauarbeiten beauftragte Firma H. Hochbau GmbH einhalten zu können.

Da nicht genügend LKW-Kapazitäten zur Abfuhr des Aushubmaterials, das durch den beschleunigten Aushub- und Abbrucharbeiten angefallen war, zur Verfügung standen, wurde das Material, das nicht sofort abgefahren werden könnte, im Bereich der B-Straße zwischengelagert.

Durch die Zwischenlagerung des Bodenaushubes von der A-Straße wurde der Beginn der Aushub- und Verbauarbeiten an der B-Straße durch die riesige Bodenmiete behindert und konnte bis auf wenige Teilbereiche erst verspätet am 04.02.2013 beginnen.

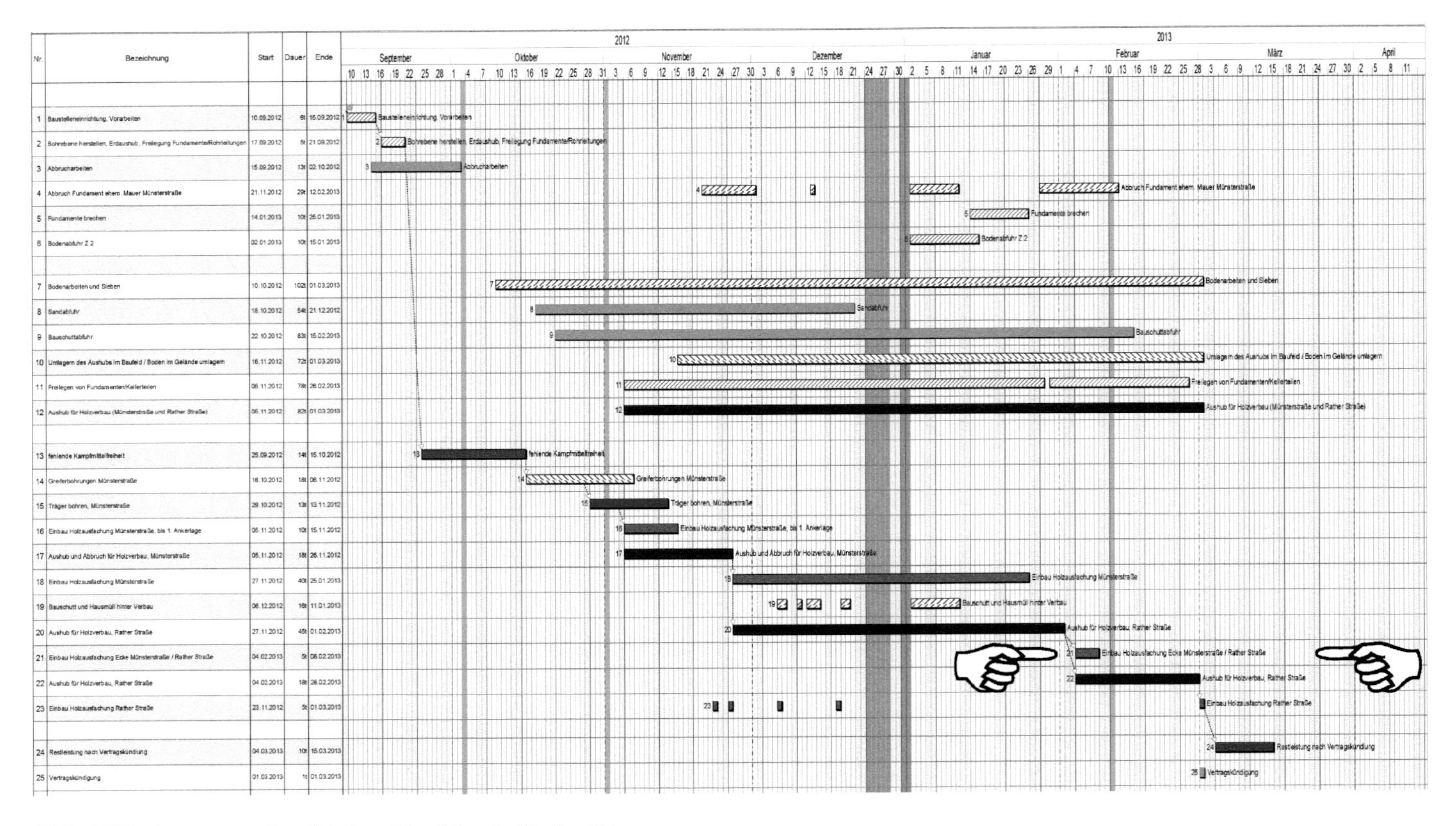

Abb. 8.38 Auszug aus dem Ist-Bauablaufplan, kritischer Weg

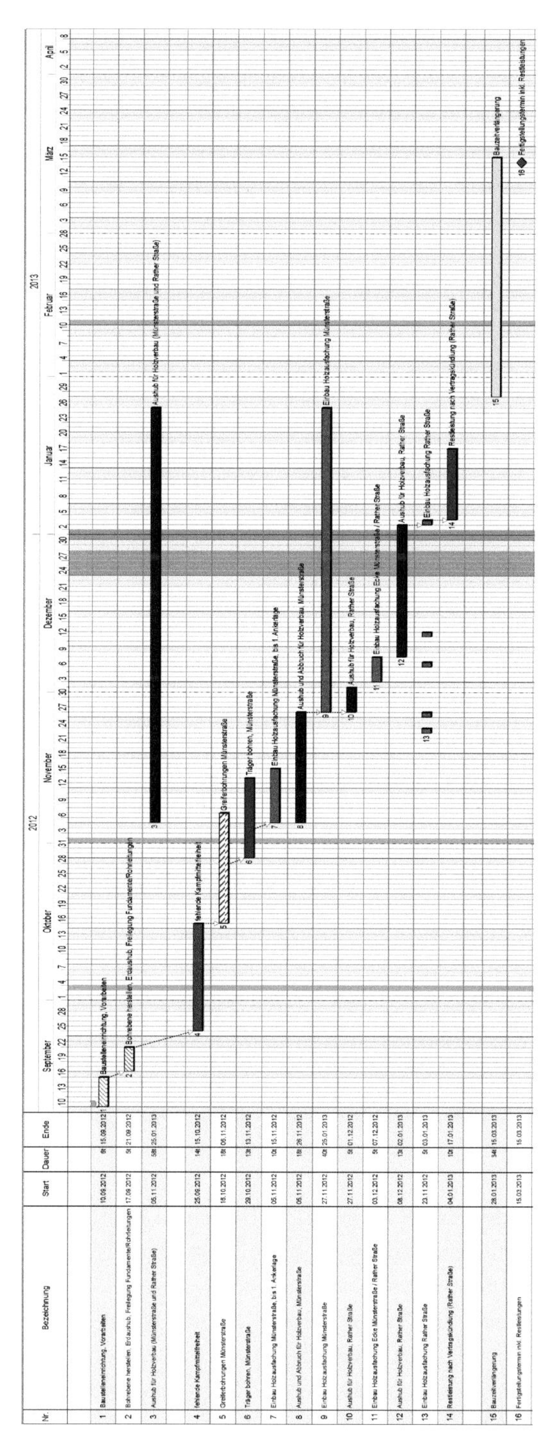

Abb. 8.39 Auszug aus dem Ist′-Bauablaufplan 3 ohne „Zwischenlagerung Boden“

Ohne die Behinderung der Aushub- und Verbauarbeiten durch die Bodenmiete zur Zwischenlagerung des Aushubmaterials hätten diese bereits am 26.11.2012 begonnen und hätten am 17.01.2013 fertig gestellt werden können, siehe Abb. 8.39, Vorgang Nr. 14.

Der guten Ordnung halber wird darauf hingewiesen, dass die E. Erdbau GmbH zum Zeitpunkt des Störungseintrittes leistungsbereit und leistungsfähig war. Ausweislich der vorliegenden Bautagesberichte der E. Erdbau GmbH waren am 26.11.2012 und in der nachfolgenden Zeit sechs 35-t-Bagger auf der Baustelle, die umgehend mit den Ausschachtungsarbeiten für die Trägerbohlwand an der B-Straße hätten beginnen können. Sowohl das Ankergerät der G. Grundbau GmbH, als auch die Kolonnen zum Einbau der Holzausfachung befanden sich ebenfalls vor Ort und hätte die Arbeiten an der B-Straße ausführen können.

Der Gesamtfertigstellungstermin wäre der 25.01.2013 gewesen, so dass die sich hieraus ergebende Bauzeitverlängerung **34 AT** beträgt (Differenz zwischen Fertigstellungstermin 28.01.2013 im hypothetisch ungestörten Ist′-Bauablauf und tatsächlichem Ist-Fertigstellungstermin, einschließlich der nach Kündigung noch auszuführenden Restarbeiten, 15.03.2013), siehe Abb. 8.39, Vorgang Nr. 15, gelb.

8.10.4 Ist′-Bauablauf 4 ohne „Aushubmaterial sieben"

Wie bereits im Kapitel „Aushubmaterial sieben, Nachtragsleistung" beschrieben ist, behinderte die Bodenmiete des zwischengelagerten Aushub- und Abbruchmaterials von der A-Straße die Verbauarbeiten an der B-Straße.

Durch die Lagerung dieses Aushubs im Bereich des auszuführenden Verbaus entlang der B-Straße konnte nicht sofort nach Einbringen der Verbauträger an der B-Straße (in der Zeit vom 19.11. bis 26.11.2012) mit den Arbeiten zur Erstellung der Holzausfachung B-Straße begonnen werden.

Zunächst musste die riesige Bodenmiete, die entlang der B-Straße gelagert war, auf LKW geladen und abgefahren werden.

Dadurch, dass sich bei der den beschleunigt ausgeführten Aushub- und Abbrucharbeiten an der A-Straße Bodenaushub und Bauschutt vermischt hatten, musste vor dem Verladen auf LKW das Boden-Bauschutt-Gemisch mittels Siebanlage getrennt werden, da aus abfallrechtlichen Gründen die Verwertungsstellen für Bodenaushub diesen nur mit einem begrenzten Anteil an Bauschutt und Bauschutt nur mit einem begrenzten Bodenanteil annehmen.

Der Einbau der Holzausfachung in die Trägerbohlwand B-Straße konnte im November und Dezember 2012 nur ganz vereinzelt in Teilbereichen stattfinden, da der Bereich der Trägerbohlwand B-Straße aufgrund der im Baufeld gelagerten Bodenmiete nicht zugänglich war. Ein kontinuierlicher Einbau des Holzverbaus konnte erst nach weitgehender Abfuhr des Bodens ab dem 04.02.2013 erfolgen, siehe Abb. 8.40.

Die Abfuhr des an der B-Straße gelagerten Bodens konnte wiederum nicht schneller erfolgen, da dieser zunächst mittels Siebanlage in die Bestandteile „Boden" und „Bau-

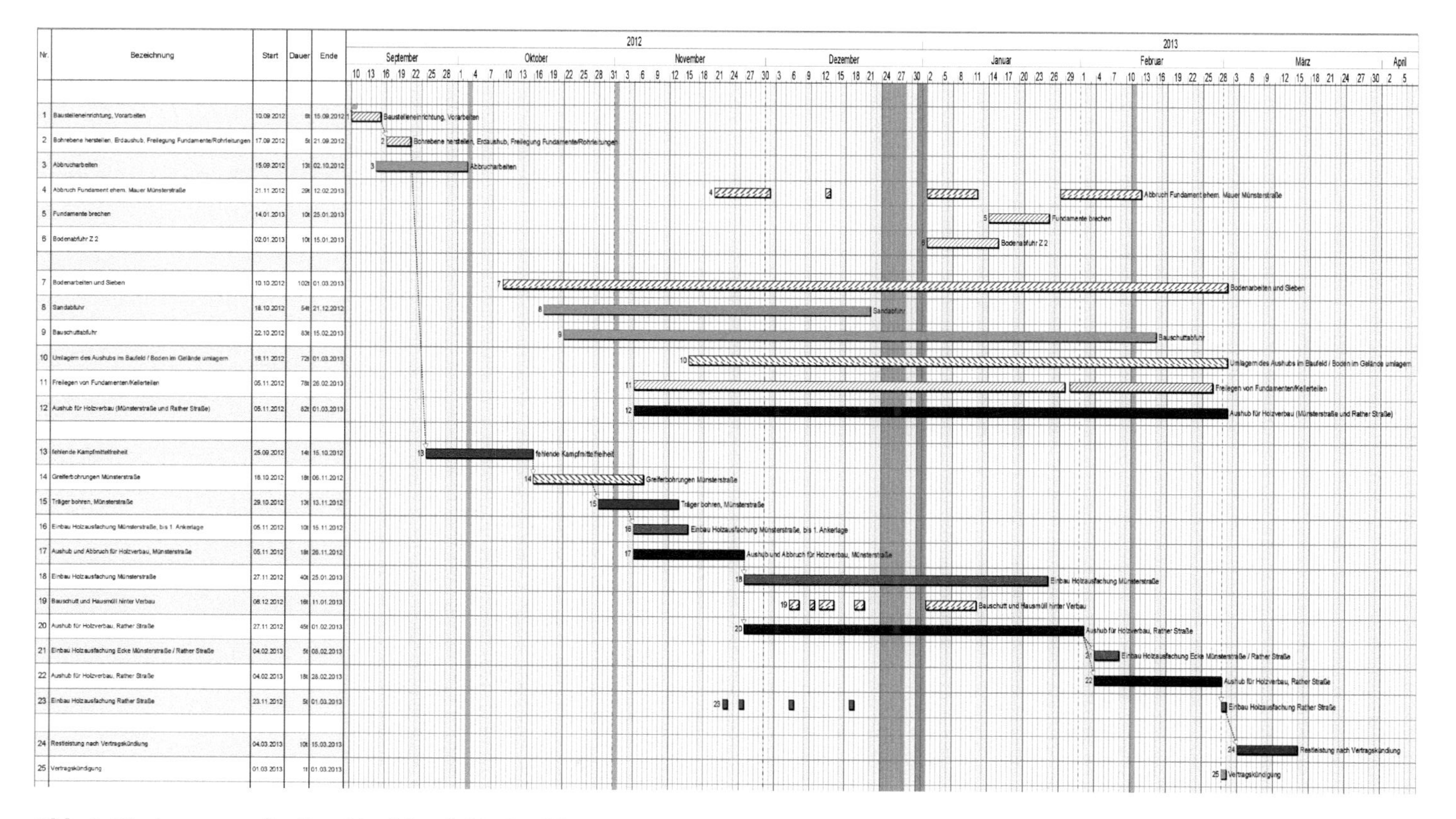

Nr.	Bezeichnung	Start	Dauer	Ende
1	Baustelleneinrichtung, Vorarbeiten	10.09.2012	8t	15.09.2012
2	Bohrebene herstellen, Erdaushub, Freilegung Fundamente/Rohrleitungen	17.09.2012	5t	21.09.2012
3	Abbrucharbeiten	15.09.2012	13t	02.10.2012
4	Abbruch Fundament ehem. Mauer Münsterstraße	21.11.2012	29t	12.02.2013
5	Fundamente brechen	14.01.2013	10t	25.01.2013
6	Bodenabfuhr Z 2	02.01.2013	10t	15.01.2013
7	Bodenarbeiten und Sieben	10.10.2012	102t	01.03.2013
8	Sandabfuhr	18.10.2012	54t	21.12.2012
9	Bauschuttabfuhr	22.10.2012	83t	15.02.2013
10	Umlagern des Aushubs im Baufeld / Boden im Gelände umlagern	18.11.2012	72t	01.03.2013
11	Freilegen von Fundamenten/Kellerteilen	05.11.2012	78t	26.02.2013
12	Aushub für Holzverbau (Münsterstraße und Rather Straße)	05.11.2012	82t	01.03.2013
13	fehlende Kampfmittelfreiheit	25.09.2012	14t	15.10.2012
14	Greiferbohrungen Münsterstraße	18.10.2012	18t	06.11.2012
15	Träger bohren, Münsterstraße	29.10.2012	13t	13.11.2012
16	Einbau Holzausfachung Münsterstraße, bis 1. Ankerlage	05.11.2012	10t	15.11.2012
17	Aushub und Abbruch für Holzverbau, Münsterstraße	05.11.2012	18t	26.11.2012
18	Einbau Holzausfachung Münsterstraße	27.11.2012	40t	25.01.2013
19	Bauschutt und Hausmüll hinter Verbau	06.12.2012	16t	11.01.2013
20	Aushub für Holzverbau, Rather Straße	27.11.2012	45t	01.02.2013
21	Einbau Holzausfachung Ecke Münsterstraße / Rather Straße	04.02.2013	5t	08.02.2013
22	Aushub für Holzverbau, Rather Straße	04.02.2013	18t	28.02.2013
23	Einbau Holzausfachung Rather Straße	23.11.2012	5t	01.03.2013
24	Restleistung nach Vertragskündigung	04.03.2013	10t	15.03.2013
25	Vertragskündigung	01.03.2013	1t	01.03.2013

Abb. 8.40 Auszug aus Ist-Bauablaufplan, kritischer Weg

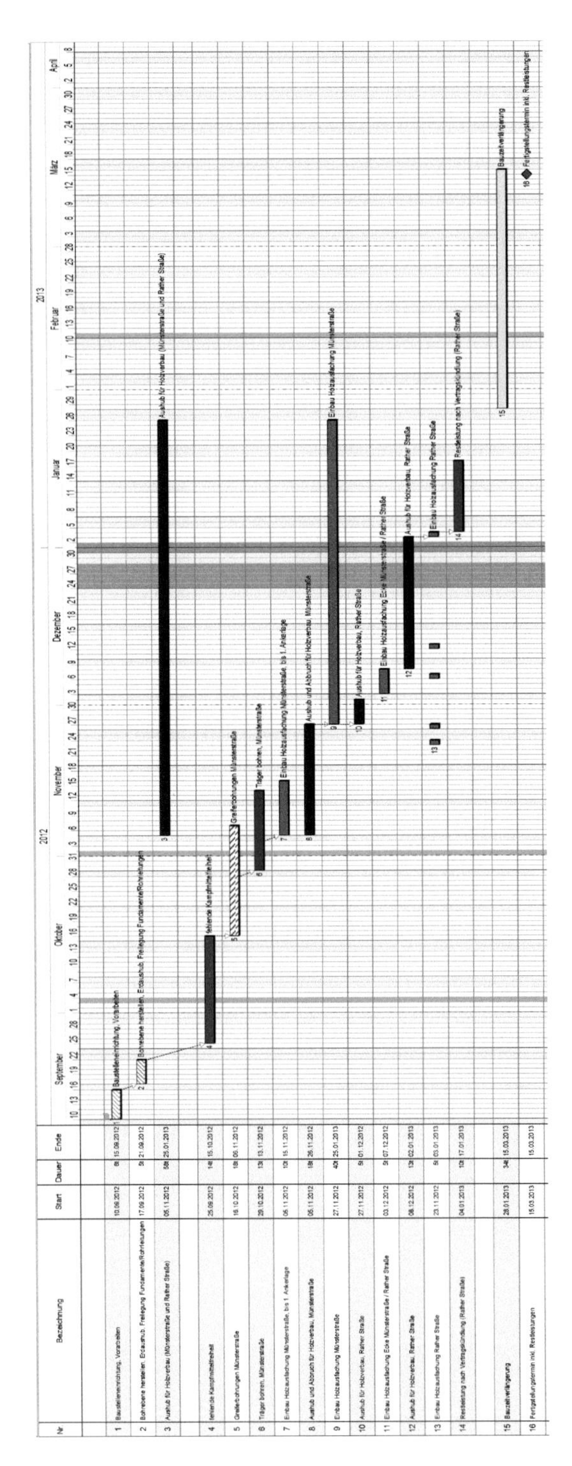

Abb. 8.41 Auszug aus dem Ist'-Bauablaufplan 4 ohne „Aushubmaterial sieben“

schutt“ getrennt werden musste – abgesehen von der Geschwindigkeit der Bodenabfuhr, die durch die Anzahl der verfügbaren LKW begrenzt war; vgl. Kapitel „Ist′-Bauablauf 3 ohne Zwischenlagerung Boden“.

Dem Nachtrag „Sieben des zwischengelagerten Aushubmaterials“ der E. Erdbau GmbH vom 14.12.2012 ist ein Kalkulationsnachweis beigefügt. Hier wird die Leistung der Siebanlage mit 50 cbm/Std. angegeben. Aus Sicht der Verfasserin ist dies eine realistische Leistungsangabe und übliche Leistung einer Siebanlage.

Für die Mehrmengen gegenüber der vertraglich vereinbarten Menge des auszusiebenden Materials von 16.500 cbm – 1220 cbm = 15.280 cbm entsteht somit ein zeitlicher Mehraufwand von

$$15.280\,\text{cbm} : 50\,\text{cbm/Std.} = 305{,}60\,\text{Std.} = \mathbf{35{,}95\,AT} \quad \text{(bei 8,5 Std./AT)}.$$

Die Folgen der zusätzlich auszuführenden Siebarbeiten entsprechen den in Kapitel „Ist′-Bauablauf 3 ohne Zwischenlagerung Boden“ beschriebenen:

Ohne die im Bereich der B-Straße vor Ausführung der Verbauarbeiten notwendigerweise noch abzufahrende Bodenmiete, hätte mit den Ausschachtungsarbeiten und dem Einbau der Holzausfachung spätestens am 26.11.2012 begonnen werden können.

Der Gesamtfertigstellungstermin wäre in Folge der früheren Ausführung der Verbauarbeiten an der B-Straße nicht mehr durch diese, sondern durch die Verbau- und Aushubarbeiten an der A-Straße bestimmt worden.

Dieser Vorgang „Einbau Holzausfachung A-Straße“ endet am 25.01.2013, somit hätte auch der Vorgang „Bodenaushub für Holzverbau A-Straße und B-Straße“ am 25.01.2013 geendet, so dass der Gesamtfertigstellungstermin der 25.01.2013 gewesen wäre.

Der guten Ordnung halber wird darauf hingewiesen, dass die E. Erdbau GmbH zum Zeitpunkt des Störungseintrittes leistungsbereit und leistungsfähig war. Ausweislich der vorliegenden Bautagesberichte der E. Erdbau GmbH waren am 26.11.2012 und in der nachfolgenden Zeit sechs 35-t-Bagger auf der Baustelle, die umgehend mit den Ausschachtungsarbeiten für die Trägerbohlwand an der B-Straße hätten beginnen können. Sowohl das Ankergerät der G. Grundbau GmbH als auch die Kolonnen zum Einbau der Holzausfachung befanden sich ebenfalls vor Ort und hätten die Arbeiten an der B-Straße ausführen können.

Durch die Durchmischung von Boden und Bauschutt bei der Zwischenlagerung, dem zeitlichen Aufwand für das Trennen des Boden-Bauschutt-Gemisches vor der Entsorgung, die dadurch verzögerte Abfuhr des zwischengelagerten Materials und die daraus resultierende Verschiebung der Aushub- und Verbauarbeiten B-Straße verzögerte sich die Fertigstellung bis zum 15.03.2013, so dass die sich hieraus ergebende Bauzeitverlängerung **34 AT** (28.01.2013 bis 15.03.2013) beträgt, siehe Abb. 8.41, Vorgang Nr. 15, gelb.

8.10.5 Ist′-Bauablauf 5 ohne „Mengenmehrung Boden-Bauschutt Z 1.2"

Am 05.11.2012 wurde mit den Aushubarbeiten und der Bodenabfuhr im Bereich des Trägerbohlwandverbaus an der A-Straße begonnen. Zuvor war während der Herstellung der Bohrebene bereits Boden ausgehoben und entsorgt worden.

Die weiteren Aushubarbeiten und die Bodenabfuhr dauerten vom 05.11.2012 bis zur Vertragskündigung durch den A. am 01.03.2013 an (82 AT); vgl. Abb. 8.42, Vorgang Nr. 12 „Aushub für Holzverbau (A-Straße und B-Straße)".

Die Abfuhr der noch verbliebenen Bodenmassen hätte ab dem Kündigungszeitpunkt 01.03.2013 noch einige Tage in Anspruch genommen.

Vom A. wurde mit dem Kündigungsschreiben vom 01.03.2013 bestätigt, dass für die Ausführung der Restleistung noch 7 bis 10 AT nötig gewesen wären; vgl. Abb. 8.42, Vorgang Nr. 24 „Restleistung nach Vertragskündigung".

Durch die erhebliche Erhöhung des abzufahrenden Bodens der Position „Zulage Z 1.2, Bodenaushub mit Bauschuttanteil", die deutlich längere Entfernung zur Entsorgungs-/Verwertungsstelle und die daraus resultierenden längeren Umlaufzeiten der LKW verlängerte sich die Bauzeit um mehrere Wochen.

Wären nur die vertraglich vereinbarten Mengen der im Leistungsverzeichnis beschriebenen Bodenaushub- und Abfuhrpositionen zur Ausführung gekommen, hätte die gesamte Bodenabfuhr innerhalb 13 Wochen * 5 AT/Woche = 65 AT durchgeführt werden können, so wie es von der E. Erdbau GmbH geplant war.

Zum Zeitpunkt 05.11.2012 (Eintritt der Störung durch die abzufahrenden Mehrmengen von Boden mit Bauschutt Z 1.2) war bereits ein gewisser Anteil der vertraglich geschuldeten Bodenabfuhr erfolgt.

Am 02.11.2012 waren bereits folgende Mengen an Boden ausgehoben und abgefahren worden. Dies geht aus der 8. Abschlagsrechnung vom 02.11.2012 der E. Erdbau GmbH hervor.

Menge	Positionstext
9500 cbm	Bodenaushub, Bodenklasse 3 bis 4, LAGA Z 0
6000 cbm	Zulage Z 1.2, Bodenaushub mit Bauschuttanteil

Wie zuvor ermittelt hätte die E. Erdbau GmbH durchschnittlich 13,88 LKW an 8,5 Std./AT im Einsatz haben müssen, um die Bodenabfuhr der vertraglich geschuldeten Bodenmengen innerhalb von 65 AT (13 Wochen) vornehmen zu können.

Bei Eintritt der Störung am 05.11.2012 waren bereits abgefahren: 9500 cbm Bodenaushub insgesamt, davon 6000 cbm Bodenabfuhr Boden mit Bauschutt Z 1.2. Die bis hierhin bereits erbrachte Bodenabfuhr ist mit ihrem bereits aufgewendeten zeitlichen Aufwand

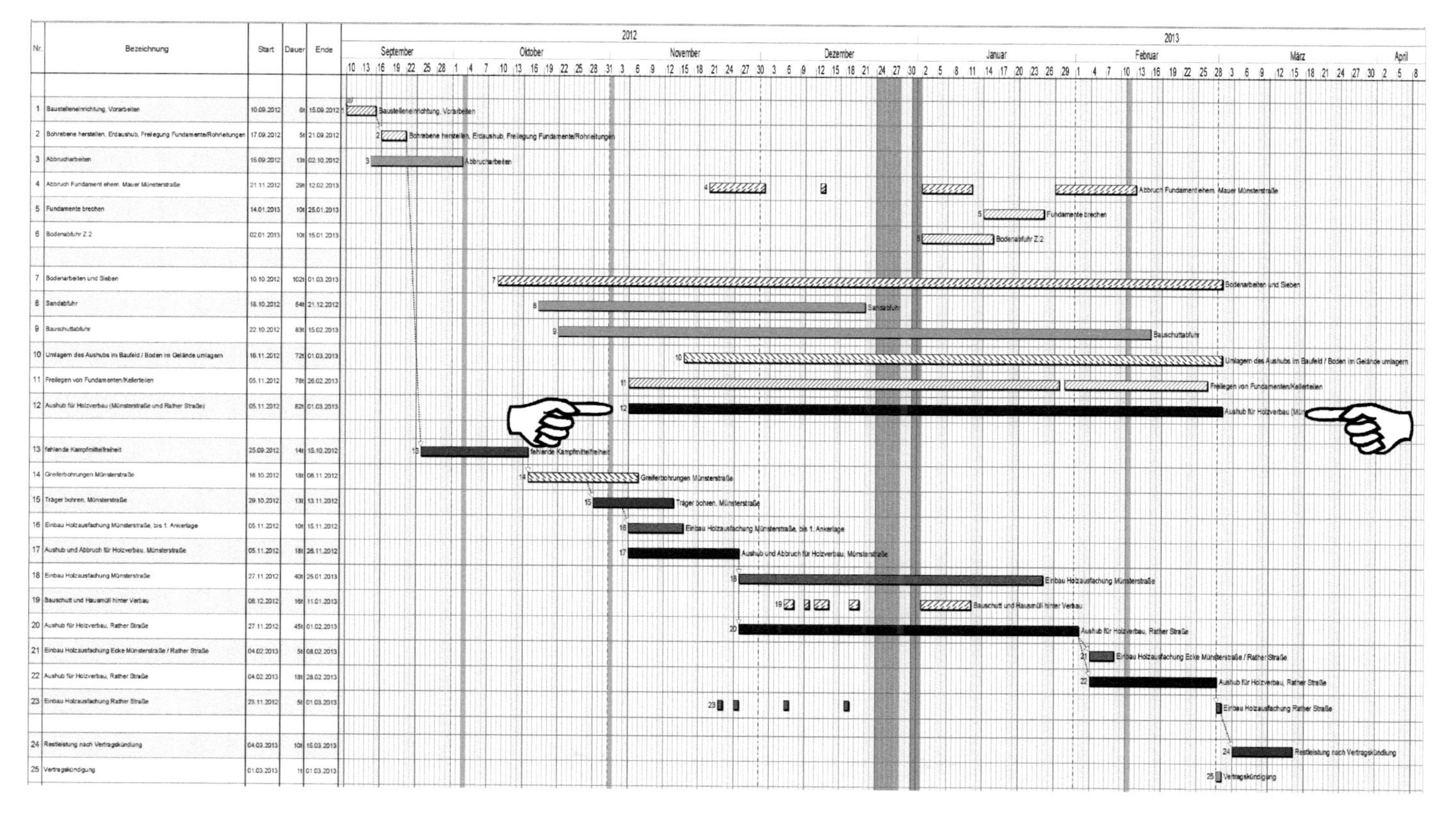

Abb. 8.42 Auszug aus Ist-Bauablaufplan, kritischer Weg

vom Gesamtzeitaufwand abzuziehen.

9500 cbm – 6000 cbm = 3500 cbm mit einer Umlaufzeit von 65 min/Tour

3500 cbm : 13,5 cbm/LKW = 259,26 Touren

259,26 Touren : 13,88 LKW = 18,68 Touren/LKW

18,68 Touren/LKW * 65 min/Tour * 60 min/Std. * 8,5 Std./AT = 2,38 AT/LKW

Kontrollrechnung:

*2,38 AT * 13,88 LKW * 13,5 cbm/LKW * 8,5 Std./AT * 65 min/60 min = 3500 cbm*

6000 cbm mit einer Umlaufzeit von 115 min/Tour

6000 cbm : 13,5 cbm/LKW = 444,44 Touren

444,44 Touren : 13,88 LKW = 61,37 Touren/LKW

61,37 Touren/LKW * 115 min/Tour * 60 min/Std. * 8,5 Std./AT = 7,22 AT/LKW

Kontrollrechnung:

*7,22 AT * 13,88 LKW * 13,5 cbm/LKW * 8,5 Std./AT * 115 min/60 min = 6000 cbm*

Die für diese Bodenabfuhr bereits aufgebrachte Zeit ist von der noch notwendigen Zeit für Gesamtbodenabfuhr in Abzug zu bringen.

13 Wochen * 5 AT/Woche = 65 AT	für gesamte Bodenabfuhr
65 AT – (2,38 AT + 7,22 AT) = 55,4 AT	aufgerundet auf **56 AT**

Wären also ab dem 05.11.2012 nur noch die ursprünglich, gemäß Leistungsverzeichnis ausgeschriebenen Bodenmengen abzufahren gewesen, hätte dies innerhalb von 56 AT mit den vertraglich erforderlichen durchschnittlich 13,88 LKW erfolgen können.

Ab dem 05.11.2012 hatte die E. Erdbau GmbH nachweislich durchschnittlich 16 bis 18 LKW pro Tag im Einsatz, so dass sich unter Berücksichtigung der tatsächlich eingesetzten Anzahl von LKW die noch notwendige Ausführungsdauer für die Restabfuhr der vertraglich vereinbarten Mengen reduziert auf:

56 AT * 13,88 LKW : 16 LKW = 48,58 AT aufgerundet auf **49 AT**

Die Dauer des Vorgangs „Einbau der Holzausfachung A-Straße" reduziert sich entsprechend, da der Einbau der Holzausfachung von der Geschwindigkeit des Bodenaushubs bzw. der Bodenabfuhr abhängig war.

Die Aushubarbeiten und Bodenabfuhr hätten somit vom 05.11.2012 nur noch 49 AT, also bis zum 14.01.2013 angedauert, so dass die Gesamtfertigstellung am 14.01.2013 erfolgt wäre, siehe Abb. 8.43, Vorgang Nr. 14.

Eine Bestätigung, dass die E. Erdbau GmbH während der eingetretenen Störung des Bauablaufes leistungsbereit und leistungsfähig war, liefern die obenstehenden Berechnungen und Nachweise der eingesetzten Bagger und LKW gemäß den Bautagesberichten der

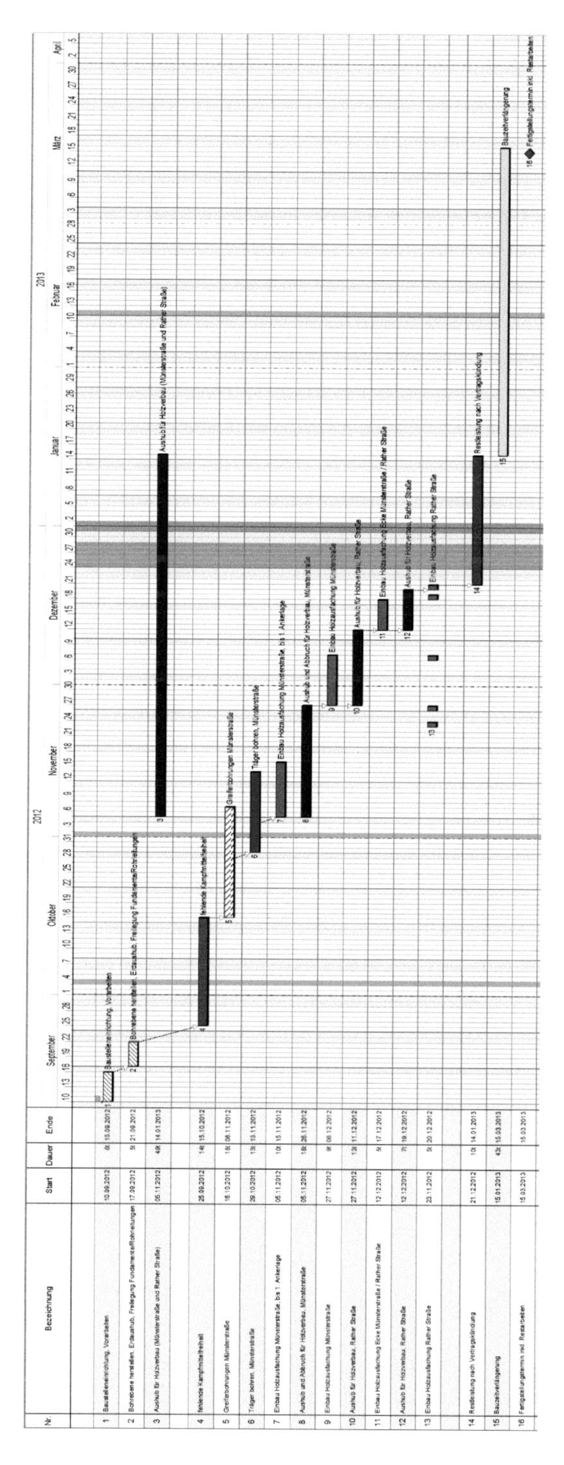

Abb. 8.43 Auszug aus dem Ist'-Bauablaufplan 5 ohne „Mengenmehrung Z 1.2"

E. Erdbau GmbH, die vom A. gegengezeichnet wurden. Ressourcen zur Ausführung der Verbauarbeiten (Ankergerät, Kolonnen zum Einbau der Holzausfachung) befanden sich ebenfalls vor Ort.

Durch die Mehrmengen „Bodenaushub mit Bauschutt Z 1.2", die längeren Transportwege zur Kippe/Verwertungsstelle und die entsprechend längeren Umlaufzeiten kam es trotz Einsatz aller verfügbaren LKW zu einer Bauzeitverlängerung von **43 AT** (15.01. bis 15.03.2013), siehe Abb. 8.43, Vorgang Nr. 15, gelb.

9 Beispiel, Teil B: Anspruchshöhe

Nachdem in Teil A „Sachverhalt“ dieser Beispiel-Ausarbeitung beschrieben und nachgewiesen wurde, **warum** ein Anspruch der E. Erdbau GmbH auf Bauzeitverlängerung besteht (bzw. nachgewiesen wurde, **dass überhaupt** ein Anspruch besteht), wird nachfolgend in Teil B „Anspruchshöhe“ ermittelt, **in welcher Höhe** der Anspruch besteht, d. h. in welchem Umfang die E. Erdbau GmbH Anspruch auf Verschiebung des Fertigstellungstermins und Verlängerung der Bauzeit hat.

Hierfür wird nachfolgend baubetrieblich geprüft, wie sich die Bauablaufstörungen aus dem Risikobereich des Auftraggebers A. insgesamt bauzeitlich ausgewirkt haben, d. h. auch gegenseitige Beeinflussungen von Störungen (positiv wie negativ) werden untersucht und ausgewertet.

Um die Höhe des Bauzeitverlängerungsanspruches der E. Erdbau GmbH, also die Dauer der dem Auftragnehmer E. Erdbau GmbH zustehenden Bauzeitverlängerung, zu ermitteln, wird der tatsächliche Ist-Bauablauf mit dem hypothetisch ungestörten Ist′-Bauablauf (ohne jegliche der zuvor beschriebenen Bauablaufstörungen aus dem Risikobereich des Auftraggebers A.) verglichen.

Der hypothetisch ungestörte Ist′-Bauablauf, der keine der zuvor beschriebenen aufgetretenen Störungen aus dem Risikobereich des Auftraggebers A. enthält, wird „resultierender Ist′-Bauablauf“ genannt, da er ein Resultat aus dem Zusammenwirken der zuvor dargestellten Ist′-Bauabläufe der einzelnen Störungssachverhalte ist.

Hierbei wird berücksichtigt, dass sich bei Entfall sämtlicher aufgetretener Bauablaufstörungen im Ist′-Bauablauf der „kritische Weg“ gegenüber dem tatsächlichen Ist-Bauablauf ändern kann. Wenn keine der Störungen im Bauablauf eingetreten wäre, wäre ggf. eine andere Abfolge der ausgeführten Leistungen terminkritisch geworden als dies im Ist-Bauablauf tatsächlich der Fall war.

Die Differenz zwischen dem tatsächlichen Ist-Fertigstellungstermin und dem Fertigstellungstermin im Ist′-Bauablauf bildet die Dauer der Bauzeitverlängerung, auf die seitens der E. Erdbau GmbH ein Anspruch besteht.

N. Baschlebe, *Ansprüche auf Bauzeitverlängerung erkennen und durchsetzen*,
DOI 10.1007/978-3-658-10354-5_9

Anmerkung
Mit „Anspruchshöhe“ wird hier die Höhe des Bauzeitverlängerungsanspruches, also die Dauer der Bauzeitverlängerung, die dem Auftragnehmer zusteht, bezeichnet.

Natürlich kann, sobald ein Anspruch auf Bauzeitverlängerung besteht, hieraus für den Auftragnehmer ebenfalls ein Anspruch auf Erstattung der zeitabhängigen Mehrkosten, die durch die verlängerte Bauzeit entstanden sind, bestehen. D. h. unter „Anspruchshöhe“ wäre die Höhe der vom Auftraggeber gegenüber dem Auftragnehmer zu erstattenden Mehrkosten zu verstehen.

Aufgrund der Komplexität allein des Themas „Bauzeitverlängerung“ wird im Weiteren auf die Berechnung von bauzeitabhängigen Mehrkosten verzichtet, da diese Berechnung ihrerseits ebenfalls eine gewisse Komplexität aufweist und umfangreiches Hintergrundwissen bezüglich der kalkulatorischen Grundlagen und Fortschreibung der bauzeitabhängigen Kosten erfordert.

Allein die Ermittlung der Höhe des Anspruchs auf Bauzeitverlängerung ist jedoch oftmals, wie auch im Falle der E. Erdbau GmbH, ausreichend, um den (mit Schadensersatzforderungen versehenen) Vorwurf des Auftraggebers zu entkräften, die Baumaßnahme sei zu spät fertig gestellt worden.

Auch für die Abwehr von teils recht hohen Vertragsstrafen ist es lediglich erforderlich, die Dauer der Bauzeitverlängerung zu ermitteln, die dem Auftragnehmer aufgrund von aufgetretenen Bauablaufstörungen (die er selbst nicht zu vertreten hat, sondern die aus dem Risikobereich des Auftraggebers stammen) zusteht.

9.1 Resultierender Ist′-Bauablauf

Es wurde dargelegt, dass jede der zuvor beschriebenen Störungen sowohl Auswirkungen auf die Ausführungszeit einzelner von der Störung betroffener Vorgänge hatte als auch auf den Gesamtfertigstellungstermin.

Hinsichtlich der Frage, welchen Anspruch auf Bauzeitverlängerung die E. Erdbau GmbH nun insgesamt hat, muss ein resultierender Ist′-Bauablaufplan erstellt werden, bei dem alle Störungen gleichzeitig aus dem Ist-Bauablauf eliminiert werden, indem hier dargestellt wird, wie der Bauablauf ausgesehen hätte, wenn es keine der vorgenannten Störungen aus dem Risikobereich des Auftraggebers A. gegeben hätte.

Es wurde auf Basis aller ermittelten Ist´-Bauabläufe ein Gesamt-Ist′-Bauablauf entwickelt, der den Bauablauf darstellt, wie er sich ohne jegliche der oben beschriebenen Störungen eingestellt hätte, siehe Abb. 9.1.

Dieser Ist′-Bauablaufplan berücksichtigt, dass Störungen teilweise parallel aufgetreten sind und sich gegenseitig beeinflusst haben. Hier wird auch berücksichtigt, dass sich in Abhängigkeit vom Auftreten der Störungen der kritische Weg, der den Gesamtfertigstellungstermin ausmacht, ändern kann.

Ohne die zuvor beschriebenen eingetretenen Störungen hätte sich folgender Bauablauf eingestellt:

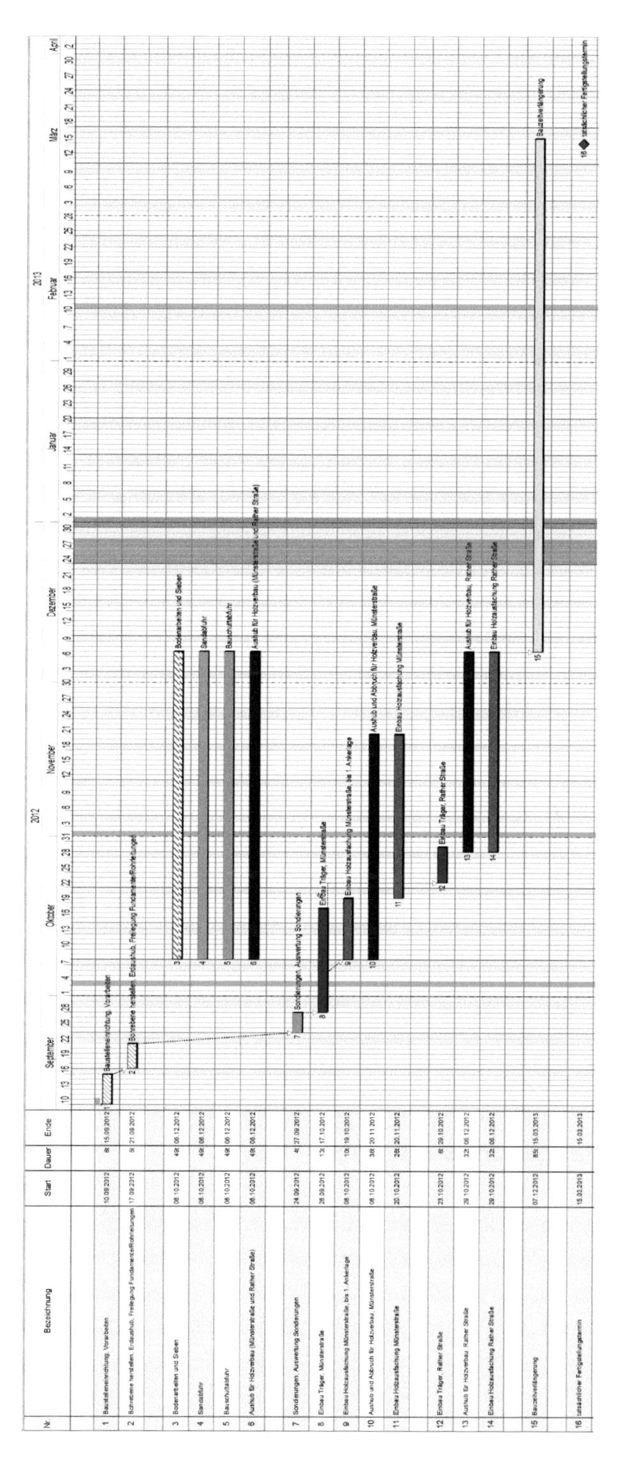

Abb. 9.1 Resultierender Ist′-Bauablaufplan

Nach Einrichtung der Baustelle, Herstellen der Bohrebene und Durchführung der Sondierbohrungen, lagen am 27.09.2012 die Ergebnisse der Kampfmittelsondierungen vor, dies wurde aus dem tatsächlichen Ist-Bauablauf übernommen.

Am 28.09.2012 hätte das Einbringen der Träger für den Trägerbohlwandverbau an der A-Straße begonnen. Nach den ersten 5 AT zum Einbringen der Träger hätten die Aushubarbeiten und der Einbau der Holzausfachung begonnen. Diese zeitliche Abfolge wurde ebenfalls aus dem Ist-Bauablauf übernommen.

Nachdem die Träger an der A-Straße nach 13 AT eingebaut waren, wurde 4 AT später mit dem Einbau der Träger für die Trägerbohlwand an der B-Straße begonnen. Diese Abfolge wurde ebenfalls dem Ist-Bauablauf in den Ist′-Bauablaufplan entnommen.

Nach 5 AT zum Einbringen der Träger an der B-Straße hätten auch hier die Aushubarbeiten und der Einbau der Holzausfachung begonnen.

Die Gesamtdauer zur Ausführung der Leistungen Aushub und Bodenabfuhr für die Verbauarbeiten hätte, sofern hier keine Störung durch Mehrmengen etc. eingetreten wäre, ab Beginn der Verbauarbeiten noch 49 AT in Anspruch genommen.

Die zuvor ausgeführten Bodenarbeiten mit einer Dauer von 10 AT wurden hier berücksichtigt und wären bis dahin ebenfalls ausgeführt gewesen, vgl. Vorgang Nr. 2 „Bohrebene herstellen, Erdaushub, ...“ (2,38 AT + 7,22 AT = rund 10 AT; vgl. Kapitel „Ist′-Bauablauf ohne Mengenmehrung mit Bauschutt Z 1.2“).

Der Fertigstellungstermin unter Berücksichtigung der Gesamtdauer für die Erdarbeiten wäre der 06.12.2012 gewesen.

Die Vorgänge aus dem Ist-Bauablauf, die den kritischen Weg darstellen, wurden um die eingetretenen Störungen bereinigt und verschieben sich entsprechend nach vorne und/oder die Dauern der Vorgänge verkürzen sich.

Hieraus ergibt sich ein neuer Fertigstellungstermin im Ist′-Bauablauf zum 06.12.2012, der sich eingestellt hätte, wenn die Störungen aus dem Risikobereich des Auftraggebers A. nicht eingetreten wären.

Durch die Ist-Ist′-Betrachtung sind Störungen aus dem Risikobereich der E. Erdbau GmbH, die im Ist-Bauablauf aufgetreten sind, weiterhin vorhanden (z. B. Unterbrechung zwischen Einbau der Verbauträger A-Straße und Einbau der Verbauträger B-Straße von 4 AT). Diese lösen keinen Anspruch auf Bauzeitverlängerung gegenüber dem A. aus.

9.2 Bauzeitverlängerungsanspruch

Der Bauablaufplan der E. Erdbau GmbH umfasste, entsprechend der vertraglich vereinbarten Bauzeit 17.09.2012 bis 21.12.2012, eine geplante Bauzeit von 14 Wochen.

Tatsächlich dauerte die Bauausführung vom 10.09.2012 bis ins Frühjahr 2013 an. Am 01.03.2013 wurde vom A. der Vertrag mit der E. Erdbau GmbH gekündigt.

Die vertraglich geschuldete Leistung war zu diesem Zeitpunkt noch nicht vollständig erstellt, für die Ausführung der Restleistung hätte die E. Erdbau GmbH weitere 7 bis 10 AT, also bis zum 15.03.2013, benötigt.

Durch eine Bauzeitverlängerung über den 21.12.2012 hinaus verschob sich die Fertigstellung automatisch in die Winterpause (Samstag, 22.12.2012 bis einschließlich Dienstag, 01.01.2013) und somit auf die Zeit nach dem 01.01.2013, da vom 22.12.2012 bis einschließlich 01.01.2013 keine Arbeiten auf der Baustelle stattfanden.

Die tatsächlich im Ist-Bauablauf eingetretene Bauzeitverlängerung, unter Berücksichtigung der nach Vertragskündigung noch auszuführenden Restleistungen, beträgt **52 AT** (22.12.2012 bzw. 02.01.2013 bis 15.03.2013).

Aus dem Ist′-Bauablauf, der den tatsächlichen Ist-Bauablauf ohne die eingetretenen Störungen aus dem Risikobereich des A., also auch ohne die Ausführung von Nachtragsleistungen und Mehrmengen, darstellt, ergibt sich eine Gesamtfertigstellung zum 06.12.2012, siehe Abb. 9.2.

Der Bauzeitverlängerungsanspruch der E. Erdbau GmbH beträgt somit **65 AT** (Differenz zwischen dem Fertigstellungstermin im hypothetisch ungestörten Ist′-Bauablauf 07.12.2012 bis zu dem tatsächlichen Ist-Fertigstellungstermin 15.03.2013).

Dies bedeutet: Die E. Erdbau GmbH hat die vertraglich geschuldete Leistung, unter Berücksichtigung der nach Vertragskündigung noch auszuführenden Restleistung, zum 15.03.2013 fertig gestellt. Ohne die im Bauablauf aufgetretenen Störungen, die dem Auftraggeber A. zuzurechnen sind, hätte die E. Erdbau GmbH die Baumaßnahme bereits am 06.12.2012 fertig gestellt.

Der vertragliche Fertigstellungstermin ist der 21.12.2012, so dass die E. Erdbau GmbH (mit dem Gesamtfertigstellungstermin 06.12.2012 im Ist′-Bauablauf) eine Fertigstellung der Baumaßnahme rechtzeitig vor dem vertraglichen Fertigstellungstermin erreicht hätte.

Diese Tatsache, dass die E. Erdbau GmbH die Baumaßnahme sogar rund zwei Wochen vor Erreichen des vertraglichen Fertigstellungstermins bereits abgeschlossen hätte, ist auf folgende Ursachen zurückzuführen:

Durch Erhöhung der täglichen Arbeitszeit von 8,5 Std. auf 9,25 Std., durch Arbeiten an Samstagen und den Einsatz von mehr LKW zur Bodenabfuhr etc. wurden von der E. Erdbau GmbH Beschleunigungen der Bauabwicklung vorgenommen.

Diese Beschleunigungsmaßnahmen der E. Erdbau GmbH, die sich beim Abgleich der tatsächlichen Bauzeit mit der Ist′-Bauzeit (ohne die Störungen aus dem Risikobereich des Auftraggebers A.) als Pufferzeiten auswirken, sind mutmaßlich auf den erhöhten Termindruck während der Bauausführung, der sich aufgrund von bereits eingetretenen Bauablaufstörungen ergeben hatte, zurückzuführen.

Tatsächliche Bauzeitverlängerung im Ist-Bauablauf (22.12.2012 bzw. 02.01.2013 bis 15.03.2013)	52 AT
Bauzeitverlängerungsanspruch (07.12.2012 bis 15.03.2013)	65 AT
Pufferzeiten/Beschleunigung in Gesamtausführungszeit	13 AT

Anders gesagt: Der Bauzeitverlängerungsanspruch von 65 AT ist sogar noch 13 AT größer als die tatsächliche Bauzeitverlängerung von 52 AT, so dass die E. Erdbau GmbH

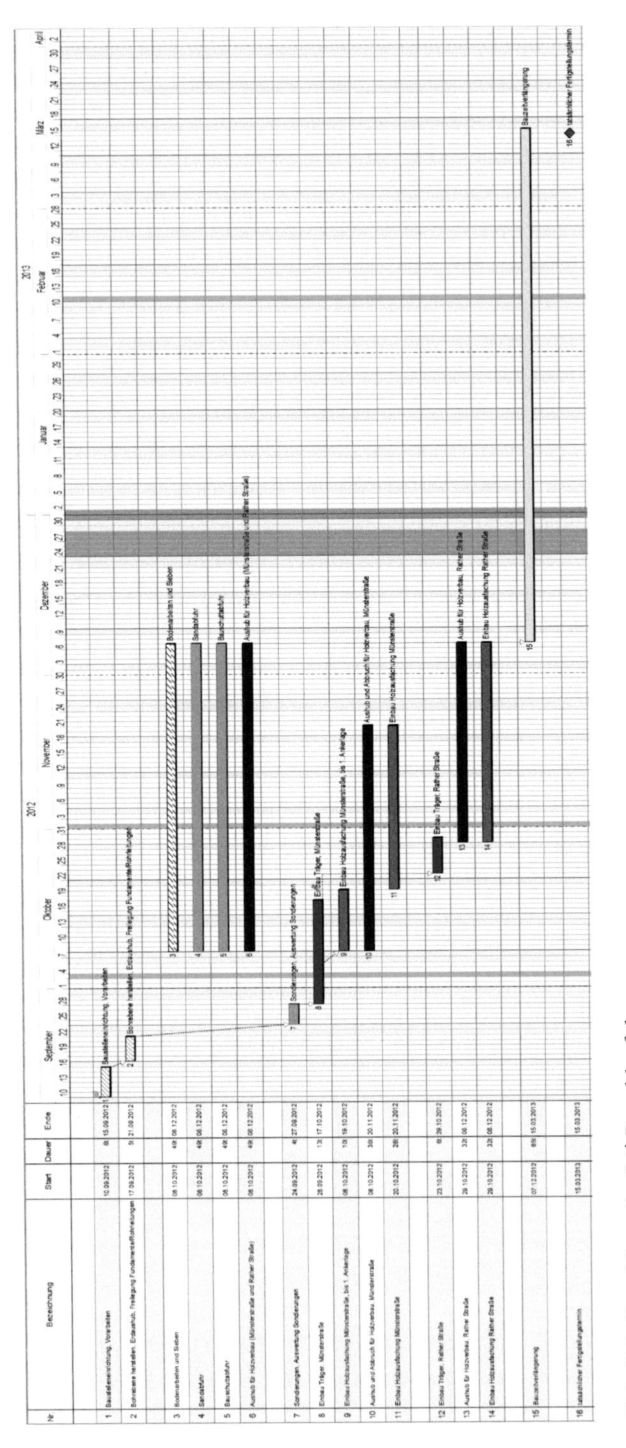

Abb. 9.2 Resultierender Ist'-Bauablaufplan

hier noch einen Puffer von 13 AT gehabt hätte, um eventuelle eigenverschuldete Verzögerungen in der Bauabwicklung zu kompensieren.

Dies resultiert zum einen daraus, dass die hier vorgenommenen Berechnungsansätze naturgemäß gewisse Ungenauigkeiten enthalten, so dass der rechnerische Ansatz natürlich immer ein theoretischer Ansatz bleibt und z. B. eine hier für die Bodenabfuhr angenommene Umlaufzeit von 115 min tatsächlich eine Umlaufzeit von 120 min sein kann o. ä.

Zum anderen ergibt sich die o. g. Pufferzeit aus den – sicherlich vor dem Hintergrund der bereits eingetretenen Störungen – von der E. Erdbau GmbH vorgenommenen Beschleunigungen durch Erhöhung der täglichen Arbeitszeit, Arbeit an Samstagen, Einsatz von mehr LKW und Baggern etc.

Anmerkung

Bezüglich gewisser rechnerischer Ungenauigkeiten bei der Ermittlung der Anspruchshöhe, also der Dauer der Bauzeitverlängerung, sei nochmals auf das verwiesen, was bereits zu Beginn des Kap. 5 „Einleitung zu Teil II" beschrieben ist.

Die Trennung zwischen Anspruchsbegründung (Teil A) und Ermittlung der Anspruchshöhe (Teil B) ergibt sich auch aus Rechtsprechung des BGH, wonach die Darlegung des Anspruchs- bzw. Haftungsgrundes als Vollbeweis erfolgen muss, aber die Anspruchshöhe geschätzt werden darf.

Dies bedeutet: Dass Sie einen Anspruch auf Bauzeitverlängerung haben, müssen Sie beweisen. Die Dauer der Bauzeitverlängerung, d. h. Höhe des Bauzeitverlängerungsanspruches, dürfen Sie abschätzen.

Somit ist es letztendlich vollkommen legitim, mit Ihrem Auftraggeber abschließend über die Dauer der Ihnen zustehenden Bauzeitverlängerung zu diskutieren und gewisse Abschätzungen im Rahmen der Berechnung des Bauzeitverlängerungsanspruches zuzugestehen.

Auch hier im Falle der E. Erdbau GmbH mag es der Diskussion unterliegen, ob der Anspruch der E. Erdbau GmbH auf Bauzeitverlängerung nun tatsächlich 65 AT beträgt, wie zuvor ermittelt, oder aber vielleicht nur 60 oder 62 AT.

Dass der vertraglich vereinbarte Fertigstellungstermin, der tatsächlich im Ist-Bauablauf nur um 52 AT überschritten wurde, ohne die dem Auftraggeber zuzurechnenden Bauablaufstörungen durch die E. Erdbau GmbH erreicht worden wäre, steht außer Frage.

9.3 Anwendung des Leitfadens, kritische Würdigung

Bei Anwendung des hier vorgestellten Leitfadens auf die Baumaßnahme der E. Erdbau GmbH „Neubau Verwaltungsgebäude, Erd- und Verbauarbeiten" zeigte sich, dass insbesondere die zuvor vorgenommene Abgrenzung des Behinderungsbegriffs des § 6 Abs. 2 VOB/B von Bedeutung ist.

Die meisten bei der o. g. Baumaßnahme im Bauablauf aufgetretenen Störungen stellen keine klassische Behinderung dar, sondern Mehrmengen und geänderte Leistungen, sind sehr wohl aber im Sinne einer „Behinderung“ gemäß § 6 VOB/B bei der Ermittlung des Bauzeitverlängerungsanspruches zu berücksichtigen.

Der in diesem Buch vorgestellte Leitfaden ist ein sehr gutes Instrument, um alle gemäß der VOB, der ausgewerteten aktuellen baurechtlichen und baubetrieblichen Literatur und der aktuellen Rechtsprechung gestellten Anforderungen an die Ermittlung eines Bauzeitverlängerungsanspruches des Auftragnehmers zu erfüllen. Hält man sich hierbei an den Leitfaden, wird die Ausarbeitung zum Bauzeitverlängerungsanspruch den gestellten Anforderungen, erforderlichenfalls auch vor Gericht, genügen.

Es wurde bei der Anwendung des Leitfadens deutlich, dass die Schwierigkeit im Nachweis der Kausalität zwischen der jeweiligen Bauablaufstörung und der Bauzeitverlängerung liegt bzw. in der hierfür erforderlichen Ermittlung des kritischen Weges im Ist-Bauablauf.

Insbesondere bei einer Baumaßnahme, bei der sich die Störungen komplex überlagern und schwer voneinander abzugrenzen sind, wird die Ermittlung des kritischen Weges und der entsprechende Kausalitätsnachweis bei der Bearbeitung den größten zeitlichen Umfang einnehmen.

Die Störungen „fehlende Kampfmittelfreiheit“ und „Ausführung Greiferbohrungen“ bilden im dargestellten Fall zusammenhängend eine Störung der Verbauarbeiten A-Straße und waren zunächst nur schwer inhaltlich zu trennen. Die Störungen „Aushubmaterial sieben“ und „Mengenmehrung Boden mit Bauschutt Z 1.2“ kamen zeitgleich zum Tragen, so dass sich hier der Kausalitätsnachweis als aufwändig darstellte.

Bei der Ermittlung des kritischen Weges im Ist-Bauablauf traten immer wieder Fragen dahingehend auf, **ob** denn die jeweils angenommene Abhängigkeiten von Vorgängen tatsächlich vorhanden waren bzw. **warum** gewisse Abhängigkeiten von Vorgängen bestanden haben, die häufige Rücksprachen mit Mitarbeitern der E. Erdbau GmbH erforderlich machten.

Durch Anwendung des Leitfadens, der sowohl die baurechtlichen als auch baubetrieblichen Aspekte und Anforderungen bezüglich des Nachweises eines Bauzeitverlängerungsanspruches des Auftragnehmers berücksichtigt, kann zukünftig die Zusammenarbeit zwischen Juristen und bauausführenden Firmen bzw. baubetrieblichen Gutachtern erheblich vereinfacht werden.

Dem baubetrieblich-technisch denkenden Ingenieur werden im Leitfaden die rechtlichen Aspekte aufgezeigt, die er bei seiner Arbeit zu beachten hat. Dem Juristen wird anhand des Leitfadens verdeutlicht, worin der Zusammenhang zwischen den verschiedenen Bauablaufplänen („gestörter tatsächlicher“ Ist-Bauablauf, „hypothetisch ungestörter tatsächlicher“ Ist′-Bauablauf für jede Störung, ...) und den rechtlichen Anforderungen besteht.

Insoweit ist zu wünschen, dass der entwickelte Leitfaden zukünftig Verbreitung unter baubetrieblichen Büros und bauausführenden Firmen findet.

Sachverzeichnis

N. Baschlebe, *Ansprüche auf Bauzeitverlängerung erkennen und durchsetzen*,
DOI 10.1007/978-3-658-10354-5

Printed in the United States
By Bookmasters